Schriften

Mario Stelzmann

Entwicklung und Validierung eines Verfahrens zur Untersuchung des Schlagregenschutzes von Fassaden denkmalgeschützter Bestandsgebäude

Fraunhofer IRB Verlag

Herausgeber:
Technische Universität Dresden
Zentrum für Bauforschung – Institut für Bauklimatik
Prof. Dr.-Ing. John Grunewald
01062 Dresden
Telefon +49 351 463 35259
Telefax +49 351 463 32627
URL https://tu-dresden.de/ibk

Bibliografische Information der Deutschen Nationalbibliothek:
Die Deutsche Nationalbibliothek verzeichnet diese Publikation in der
Deutschen Nationalbibliografie; detaillierte bibliografische Daten sind im Internet über
www.dnb.de abrufbar.

ISSN: 2365-9084
ISBN (Print): 978-3-7388-0486-7
ISBN (E-Book): 978-3-7388-0487-4

DE 2239
Zugl.: Dresden, TU, Diss., 2020

Umschlaggestaltung: Martin Kjer
Druck: BoD – Books on Demand, Norderstedt

Fraunhofer-Informationszentrum Raum und Bau IRB
Nobelstraße 12, 70569 Stuttgart
Telefon +49 711 970-2500
Fax +49 711 970-2508
E-Mail irb@irb.fraunhofer.de
URL www.baufachinformation.de

Diese Dissertation wurde durch den Europäischen Sozialfonds und den Freistaat Sachsen mit einem Promotionsstipendium gefördert.

Diese Dissertation wurde im Rahmen eines Forschungsprojektes innerhalb der Förderlinie IngenieurNachwuchs durch das Bundesministerium für Bildung und Forschung gefördert.

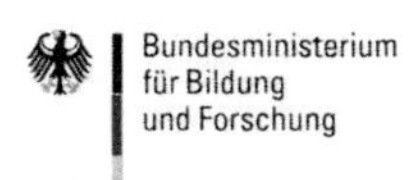

Für diese Dissertation wurden Geräte und Technik eingesetzt, die im Rahmen der EFRE Förderung beschafft wurden.

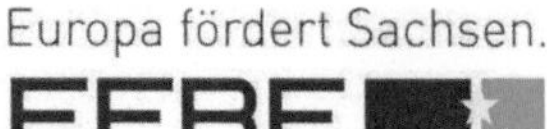

Danksagung

Die vorliegende Arbeit entstand während meiner Tätigkeit als wissenschaftlicher Mitarbeiter am Institut für Hochbau, Baukonstruktion und Bauphysik an der Hochschule für Technik, Wirtschaft und Kultur Leipzig. Sie wurde in einem kooperativen Verfahren an der Fakultät Architektur der Technischen Universität Dresden durchgeführt und im Februar 2020 als Dissertationsschrift angenommen.

Mein herzlicher Dank gilt Prof. Dr.-Ing. Ulrich Möller, der die Anregung zu diesem Thema gab. Während des Promotionsprojektes hat er mich mit persönlichem Engagement hervorragend betreut. Besonders für seine uneingeschränkte Unterstützung bei unseren gemeinsamen Projekten bin ich ihm außerordentlich dankbar. Bedanken möchte ich mich bei Prof. Dr.-Ing. John Grunewald für seine Bereitschaft, mich als externen Doktoranden aufzunehmen. Durch seine Anmerkungen und Hinweise hat er wesentlich zum Gelingen dieser Arbeit beigetragen. Besonders bedanken möchte ich mich bei Prof. em. Dr.-Ing. Jürgen Busch, der mir den entscheidenden Hinweis für den Lösungsansatz dieser Arbeit gab. Stets stand er mir mit hilfreichen Diskussionen und gutem Rat zur Seite. Ich danke dem viel zu früh verstorbenen Dr.-Ing. Rudolf Plagge. Durch sein breites Wissen und seine Fähigkeit, jederzeit zu motivieren, habe ich nachhaltig von unseren gemeinsamen Treffen profitiert. Ein herzlicher Dank gebührt meinen Kolleginnen und Kollegen, durch die ich meine Promotionszeit in guter Erinnerung behalten werde, besonders Robin Berg, Stephanie Weiß und André Dollase, die mich bei der Durchführung meiner Untersuchungen tatkräftig unterstützten. Ich danke Susan Neubert für die akribische Durchsicht vieler meiner Veröffentlichungen. Von all denen, die mich im privaten Bereich unterstützt haben, gilt besonderer Dank meinen Eltern, Angela Stelzmann und Andreas Stelzmann sowie meiner Schwester Claudia Stelzmann. Ihre Förderung meiner Ausbildung hat die Anfertigung dieser Arbeit erst ermöglicht.

Leipzig, 17. Februar 2020 — Mario Stelzmann

Inhaltsverzeichnis

1 Kurzfassung

Die präzise messtechnische Erfassung des Wasseraufnahmeverhaltens kapillarporöser Stoffe spielt für die Beurteilung des Schlagregenschutzes von Fassaden eine wichtige Rolle. Während der rechnerische Nachweis des Schlagregenschutzes mithilfe von hygrothermischen Simulationprogrammen gut möglich ist, hängt deren Aussagefähigkeit wesentlich von den verwendeten Eingangsdaten ab. Das Wasseraufnahmeexperiment nimmt dabei eine zentrale Stellung ein. Ausgehend von denkmalgeschützten Fassaden aus original historischen Baustoffen erscheint eine zerstörende Entnahme von Proben für eine anschließende Untersuchung im Labor nicht in jedem Fall sinnvoll. Auch können bei dieser Vorgehensweise Inhomogenitäten, wie bspw. Flankenabrisse zwischen Sichtklinkern und Fugenmörtel, nur bedingt messtechnisch abgebildet werden. In-situ-Messgeräte arbeiten zerstörungsfrei und direkt am Gebäude, liefern jedoch häufig nur beschränkt aussagekräftige Ergebnisse. Im Rahmen dieser Arbeit wurde ein Gerät entwickelt, das das Wasseraufnahmeverhalten von Fassadenoberflächen in situ, mit einer dem Laborversuch vergleichbaren Qualität bestimmen kann. Das sogenannte Wasseraufnahmemessgerät (kurz: WAM) beregnet einen separierten Fassadenbereich künstlich. Dabei bestimmt das Verfahren kontinuierlich die eingedrungene Wassermenge über die Versuchszeit. Neben der reinen Geräteentwicklung bietet diese Arbeit Ansätze für die Abschätzung verschiedener Effekte, die In-situ-Prüfungen beeinflussen können. Hierzu zählen die Korrektur dreidimensionalen Saugens im Bereich des Randes der Benetzungsfläche, abweichende Wassertemperaturen oder vorhandene Startfeuchtegehalte der Fassadenbaustoffe. Während bei Schlagregenereignissen stets ein Windstaudruck wirkt, wurde im Rahmen dieser Arbeit das Wasseraufnahmeverhalten verschiedener Fassadenkonstruktionen mit verschiedenen Prüfdrücken untersucht.

Abstract

The accurate measurement of the water absorption behaviour of capillary porous materials is important for the assessment of the driving rain resistance of facades. While the mathematical evidence of the driving rain resistance is well possible with the help of hygrothermal simulation programs, their informative value depends essentially on the input data. The water absorption experiment takes a central position. Starting from listed facades made of original historical building materials, it does not always make sense to take destructive samples for a subsequent examination in the laboratory. In this procedure, inhomogeneities, e.g. cracks in the flanks between exposed clinker bricks and joint mortar, can only be reproduced to a limited degree using measurement technology. In-situ measuring instruments work non-destructive and directly on the building side. However, they often provide only limited meaningful results. Within the scope of this work, a device was developed which can determine the water absorption behaviour of façade surfaces in situ with a quality comparable to laboratory tests. The so-called water absorption measuring instrument (short: WAM) artificially sprinkles a separated façade area. The method continuously determines the amount of water penetrated over the test period. In addition to the pure development of the WAM instrument, this work offers approaches for the estimation of various effects that can influence in-situ tests. These include the correction of three-dimensional suction in the area of the edge of the wetting surface, deviating water temperatures or existing initial moisture content of the façade materials. While a wind pressure acts during driving rain events, the water absorption behaviour of different façade constructions was investigated with different test pressures.

2 Einleitung und Übersicht

2.1 Problemstellung

Mithilfe von hygrothermischen Simulationsprogrammen können bereits heute verschiedene bauphysikalische Fragestellungen untersucht und beantwortet werden. Deren Anwendung erfolgt im Rahmen von Forschungs- und Entwicklungsaufgaben sowie durch die Nutzung durch Bauphysiker in der Praxis. Die dabei zugrundeliegenden Simulationsmodelle sind ausgereift und verfügen über eine hohe Detailierungstiefe. Berechnungsgrundlage liefern Klimadatensätze verschiedener Standorte und Materialdaten von verschiedenen Baustoffen. Während die Klimadaten durch ein dichtes Netz von Wetterstationen weitgehend vorhanden sind, gestaltet sich die Auswahl der passenden Materialdaten als deutlich komplexer. Die rechnerische Abbildung des hygrothermischen Verhaltens von Baustoffen erfolgt durch umfangreiche und zeitintensive Laborexperimente. Insbesondere die Untersuchung von historischen Bestandskonstruktionen stellt eine besondere Herausforderung dar. Während moderne Baustoffe i. d. R. ein gut untersuchtes und wiederkehrendes Materialverhalten aufweisen, zeigt sich bei historischen Baustoffen ein davon abweichendes Bild. Durch unregelmäßige Herstellungsverfahren, verwitterungsbedingte Veränderungen oder vergangene Sanierungen, etc. führt die grobe Abschätzung des Materialverhaltens zwangsläufig zu Fehleinschätzungen des hygrothermischen Verhaltens historischer Konstruktionen. Die hygrothermische Beurteilung von nachträglich innenseitig gedämmten Außenwandkonstruktionen berührt diese Problematik in Forschung und Praxis gleichermaßen, insbesondere im Hinblick auf den Nachweis des Schlagregenschutzes historischer Fassaden. Die Innendämmung reduziert das Trocknungspotential von alten Außenwänden. Um Auffeuchtungen und damit verbundenen Schäden vorzubeugen, ist das Wasseraufnahmeverhalten der Fassadenoberfläche zu begrenzen. Für die rechnerische Untersuchung dieser Problematik ist die Kenntnis der Materialeigenschaften der Fassadenbaustoffe erforderlich. Die übliche Vorgehensweise dafür ist eine zerstörende Probenentnahme von Fassadenbaustoffen und anschließende Untersuchung des Wasseraufnahmeverhaltens im Labor. Vor dem Hintergrund von denkmalgeschützten und erhaltenswerten historischen Fassaden ist diese Vorgehensweise nicht immer möglich. Alternative In-situ-Verfahren arbeiten zwar meist zerstörungsfrei, liefern jedoch häufig nur eine grobe Einschätzung des Wasseraufnahmeverhaltens.

2.2 Zielstellung

In dieser Arbeit erfolgt die Entwicklung und Validierung einer zerstörungsfreien In-situ-Technologie zur Bewertung des Schlagregenschutzes von Fassaden aus kapillarporösen Baustoffen. Das Ziel ist ein Messverfahren, das durch die Bewässerung eines Fassadenabschnittes dessen Wasseraufnahmeverhalten bestimmt. Die zu entwickelnde Technologie sollte eine praktische Handhabbarkeit und Anwendungstauglichkeit aufweisen. Die resultierenden Messergebnisse sollten gegenüber denen des Laborexperimentes nach DIN EN ISO 15148 [2016] vergleichbar sein. Dadurch soll es ermöglicht werden, die Materialmodelle der hygrothermischen Simulation für die objektspezifische Untersuchung des Schlagregenschutzes zu kalibrieren. Unter Einsatzbedingungen sollte die Technologie in der Lage sein die unterste Nachweisgrenze an das Wassereindringverhalten mit einem Wasseraufnahmekoeffizienten von $A_w \leq 0,0033$ $[\mathrm{kg \cdot m^{-2} \cdot s^{-0,5}}]$ (vgl. WTA Merkblatt 6-5 [2014]) mit vertretbarem Aufwand bestimmen zu können.

2.3 Vorgehensweise

Ausgehend von der Charakteristik der natürlichen Schlagregenbeanspruchung von Fassaden und bisherigen Technologien zur Untersuchung des Wasseraufnahmeverhaltens von Fassadenbaustoffen wird zunächst ein Anforderungsprofil an das zu entwickelnde Messgerät erstellt. Ein daraus resultierendes Messkonzept bildet schließlich die Grundlage für einen In-situ-Messgerät-Prototypen, das sogenannte Wasseraufnahmemessgerät (WAM). Für die modellhafte Beschreibung der Messdaten werden verschiedene Effekte betrachtet, die das Messsignal des Prototypen beeinflussen. Hierzu zählen systematische Kalibrierverluste, laterale Verteilungseffekte, kapillares Saugen bei verschiedenen Temperaturen oder bei vorhandenen Startfeuchtegehalten sowie das Wasseraufnahmeverhalten unter Druckeinwirkung. Nach Berücksichtigung verschiedener Einflüsse können aus den Messdaten in Form von Wasseraufnahme-Wurzelzeit-Datenreihen Wasseraufnahmekoeffizienten $A_{w,WAM}$

$[\mathrm{kg} \cdot \mathrm{m}^{-2} \cdot \mathrm{s}^{-0,5}]$ berechnet werden. In einer Labor-Validierung werden Messwerte des standardisierten Laborverfahrens nach DIN EN ISO 15148 [2016] denen des entwickelten Wasseraufnahmemessgeräts bei gleichen Randbedingungen gegenübergestellt. Eine Abschätzung der Messungenauigkeit des entwickelten Wasseraufnahmemessgeräts unter Einsatzbedingungen erfolgt durch die Auswertung der Reproduzierbarkeit unter variierenden In-situ-Randbedingungen.

2.4 Aufbau der Arbeit

In einer Ausarbeitung wird zunächst in Kapitel 3 der aktuelle Stand der Forschung dargelegt. In einer allgemeinen Definition des Themenfeldes Schlagregenschutz wird die Problematik beim Einsatz von Innendämmung eingehend erläutert. Es folgt die Beschreibung eines hygrothermischen Simulationsmodells. Daran anschließend wird gezeigt, wie das für den Schlagregenschutz relevante Flüssigwassertransportmodell mithilfe des Wasseraufnahmekoeffizienten kalibriert werden kann. Basierend auf dem Flüssigwasserstrom in einer Einzelkapillare erfolgt die physikalische Herleitung des Wasseraufnahmekoeffizienten. Daraus werden schließlich Einflüsse abgeleitet, die den Materialkennwert beeinflussen können. Mit einer Vorstellung der bisherigen Labor- und In-situ-Verfahren zur Untersuchung des Wasseraufnahmeverhaltens wird das Kapitel abgeschlossen.

Das daran anknüpfende Kapitel 4 beschreibt die Entwicklung eines neuen In-situ-Messgerät-Prototypen. Ausgehend von einem Anforderungsprofil wird zunächst das Messprinzip und darauf aufbauend der Prototyp des Wasseraufnahmemessgeräts erläutert. Es folgt eine Interpretation der aus dem Verfahren resultierenden Rohdaten.

In Kapitel 5 erfolgt die Validierung des Wasseraufnahmemessgeräts unter Laborbedingungen. In einem speziellen Versuchsaufbau werden Systemverluste in einer Kalibrierfunktion numerisch bestimmt. Anschließend folgt die Betrachtung des Einflusses aus seitlichem Saugen im Bereich des Randes der Wasserkontaktfläche. Es resultiert eine vereinfachte rechnerische Lösung zur nachträglichen Berücksichtigung dieses Effektes. Mit Kalibrierung der Systemverluste und des seitlichen Saugens werden Messwerte des Laborverfahrens nach DIN EN ISO 15148 [2016] denen des Wasseraufnahmemessgeräts gegenübergestellt.

Das Kapitel 6 enthält eine Studie zum Wasseraufnahmeverhalten von drei verschiedenen Fassaden. In einem umfangreichen Messkonzept werden definierte Fassadenflächen vorrangig mithilfe des Wasseraufnahmemessgeräts untersucht. An entnommenen Materialproben erfolgt die Referenzprüfung nach DIN EN ISO 15148 [2016] im Labor. Durch eine statistische Auswertung von Wiederholungsmessungen wird die Messungenauigkeit des entwickelten Wasseraufnahmemessgeräts unter Einsatzbedingungen abgeschätzt. Es erfolgt die Betrachtung von Einflüssen, die das Messergebnis aufgrund der In-situ-Anwendung beeinflussen. Hierzu zählen die Temperatur, der Startfeuchtegehalt und die Prüfung unter Druckeinwirkung.

Im abschließenden Kapitel 7 werden die wesentlichen Ergebnisse dieser Arbeit nochmals zusammengefasst.

3 Stand der Forschung

3.1 Schlagregenschutz von Gebäudefassaden

Die Beanspruchung von Außenwänden durch Schlagregen entsteht durch den infolge Wind auf die Fassade geleiteten Regen. Die Intensität der Schlagregenbeanspruchung hängt damit wesentlich von den am Gebäudestandort herrschenden Regen- und Windverhältnissen ab. Das während eines Schlagregenereignisses auf die Wand auftreffende Wasser dringt durch die Kapillarität der Fassadenbaustoffe und durch auf die Außenwand wirkenden Windstaudruck in die Fassade ein. Mit eindringender Wassermenge steigt gleichzeitig die Gefahr von entsprechenden Feuchteschäden (vgl. Cziesielski and Bonk [2000], Schulz and Schumacher [2000] oder Hendorf [2016]). Der Schlagregenschutz beschreibt ein Maß für die Widerstandsfähigkeit von Außenwänden gegen dauerhaft erhöhte Feuchtegehalte aus Schlagregenbeanspruchungen. Dieser kann durch konstruktive Maßnahmen wie beispielsweise einen ausreichenden Dachüberstand, zweischaliges Verblendmauerwerk oder Außenverschalung sichergestellt werden. Hingegen sind bei einschaligen und einbindenden zweischaligen Außenwandkonstruktionen die hygrischen Materialeigenschaften der Fassadenbaustoffe von Bedeutung. Die DIN 4108-3 [2018] definiert die feuchteschutz-relevanten physikalischen Größen und beinhaltet Festlegungen zum Schlagregenschutz von Fassaden. Je nach vorhandener Beanspruchung, resultierend aus der geographischen Lage, werden Anforderungen an den Schlagregenschutz beschrieben. Für Putze und Beschichtungen werden Anforderungen an die hygrischen Baustoffeigenschaften in Form von Grenzwerten gestellt: mit dem Wasseraufnahmekoeffizienten $A_w\,[\mathrm{kg \cdot m^{-2} \cdot s^{-0,5}}]$, der wasserdampfdiffusionsäquivalenten Luftschichtdicke $s_d\,[\mathrm{m}]$ und dem Produkt der beiden Kennwerte $A_w \cdot s_d\,[\mathrm{kg \cdot m^{-1} \cdot s^{-0,5}}]$. Dabei wird von der Vorstellung ausgegangen, dass auf Fassaden auftreffender Schlagregen wie ein flächiger, druckloser Wasserkontakt wirkt. Das Eindringen von Wasser in die Fassadenbaustoffe wird entsprechend ausschließlich auf deren Maß an Kapillarität zurückgeführt. Effekte aus zusätzlicher Windstaudruckeinwirkung bleiben unberücksichtigt bzw. werden vernachlässigt. Der s_d-Wert beschreibt ein Maß für die Diffusionsoffenheit von Baustoffschichten. Eine Begrenzung dessen soll die nach außen gerichtete Austrocknung von Feuchtigkeit gewährleisten.

3.1.1 Schlagregenschutz bei Innendämmung

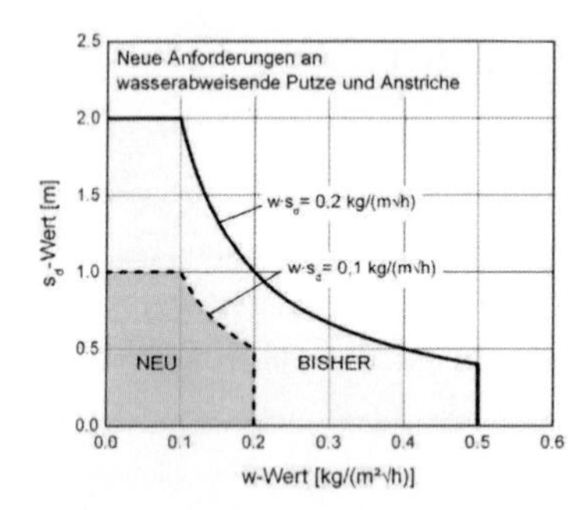

Abbildung 3.1: Darstellung der hygrothermischen Anforderungskriterien an wasserabweisende Putz- und Anstrichsysteme der DIN 4108-3 [2018] bei Innendämmung im Vergleich zu den Anforderungen ohne Innendämmung nach Künzel [2017]

Eine Innendämmung verändert die bauphysikalische Funktionsweise der Außenwandkonstruktion wesentlich. Die Tauwasserebene liegt in der Konstruktion und erhöht die Gefahr einer Auffeuchtung im Bereich hinter der Dämmung. Zusätzlich verringert sich in den Wintermonaten, aufgrund der fehlenden Heizenergie, die Temperatur in der Außenwand. Das hat eine Reduzierung der Trocknungsgeschwindigkeit zur Folge. Gelangt nun Schlagregen in die innenseitig gedämmte Außenwandkonstruktion, kann diese nur noch unzureichend abtrocknen und die Fassade bleibt länger feucht. Damit steigt die Gefahr von Feuchteschäden. Aufgrund der beschriebenen Zusammenhänge besteht eine allgemein erhöhte Anforderung an den Schlagregenschutz für nachträglich innen gedämmte Konstruktionen. Künzel [2015b] untersuchte den Einfluss aus Schlagregen bei Innendämmung. Anhand von Ergebnissen aus hygrothermischen Simulationsberechnungen zeigt der Autor, dass die Anforderungen der DIN 4108-3 [2018] bei innen gedämmten Außenwänden nicht immer ausreichen. Das WTA Merkblatt 6-5 [2014] beschreibt dafür die allgemeine Durchführung von hygrothermischen Simulationsberechnungen für den hygrischen Nachweis von innen gedämmten Außenwandkonstruktionen. Die Berücksichtigung des vorhandenen Schlagregenschutz-Niveaus erfolgt durch Eingabe der entsprechenden Materialeigenschaften der Fassadenbaustoffe. Ferner beschreibt das Merkblatt ein Schutz-Niveau, bei dessen Einhaltung in der Regel ein ausreichender Schlagregenschutz sichergestellt ist. Dabei sollten die hygrischen Materialeigenschaften der Fassadenbaustoffe folgende Werte nicht überschreiten: $A_w \leq 0,2\,[\mathrm{kg} \cdot \mathrm{m}^{-2} \cdot \mathrm{s}^{-0,5}]$, $s_d \leq 1,0\,[\mathrm{m}]$ und das Produkt der beiden Kennwerte $A_w \cdot s_d \leq 0,1\,[\mathrm{kg} \cdot \mathrm{m}^{-1} \cdot \mathrm{s}^{-0,5}]$ (vgl. Abbildung 3.1).

3.1.2 Windstaudruckbeanspruchung

Das Auftreffen von Schlagregen geht unweigerlich mit einer vorhandenen Windstaudruckbeanspruchung auf die Fassadenoberfläche einher. Perez-Bella et al. [2013] untersuchten spanische Klimadaten für die Entwicklung einer Risikoindexkarte für das Eindringen von Schlagregen in Fassaden. Die Autoren verwendeten die Daten von 80 spanischen Wetterstationen mit je über 30 gemessenen Jahren. Aus den gemessenen Windgeschwindigkeiten und Luftdichten dieser Daten bestimmten sie den driving rain wind pressure ($DRWP_{AS}\,[\mathrm{Pa}]$). Dieser Windstaudruck berechnet sich aus dem arithmetischen Mittel der alle drei Jahre auftretenden, maximalen Windstaudrücke, die bei Regenereignissen auftreten. Demgegenüber steht ein mittlerer Windstaudruck in $10\,[\mathrm{m}]$ Höhe. Die folgende Tabelle 3.1 zeigt einen Teil der Berechnungsergebnisse aus Perez-Bella et al. [2013]. Demnach bewegt sich die durchschnittliche Windstaudruckbeanspruchung in einem Bereich von 10^1 bis $10^3\,[\mathrm{Pa}]$. Der für den Flüssigwassertransport in kapillarporösen Stoffen verantwortliche Kapillardruck bewegt sich hingegen vorrangig in einem Bereich von bis zu $10^7\,[\mathrm{Pa}]$. Gegenüber der Kapillarität der Fassadenbaustoffe ist die bei Schlagregenereignissen wirkende Windstaudruckbeanspruchung entsprechend gering. Bei vorhandenen Rissen in bzw. zwischen den Fassadenbaustoffen kann durch die Windstaudruckbeanspruchung dennoch zusätzlich flüssiges Wasser in die Konstruktion eingetrieben werden.

Tabelle 3.1: Daten der Windstaudruckbeanspruchung bei Schlagregenereignissen in Spanien: Vergleich von Dreijahreshoch mit mittlerem Windstaudruck nach Perez-Bella et al. [2013]

	$DRWP_{AS}\,[\mathrm{Pa}]$	Mittlerer Windstaudruck in $[\mathrm{Pa}]$
maximal	142,9	57,2
minimal	13,1	2,6
Durchschnitt	40,9	10,6

3.2 Flüssigwassertransport der Einzelkapillare

Die grundlegenden thermodynamischen Zusammenhänge für die Beschreibung von Flüssigkeitsbewegungen in kapillarporösen Stoffen kann das Porenmodell der kreiszylindrischen Einzelkapillare mit konstantem Radius herangezogen werden. Die Grenzfläche zwischen

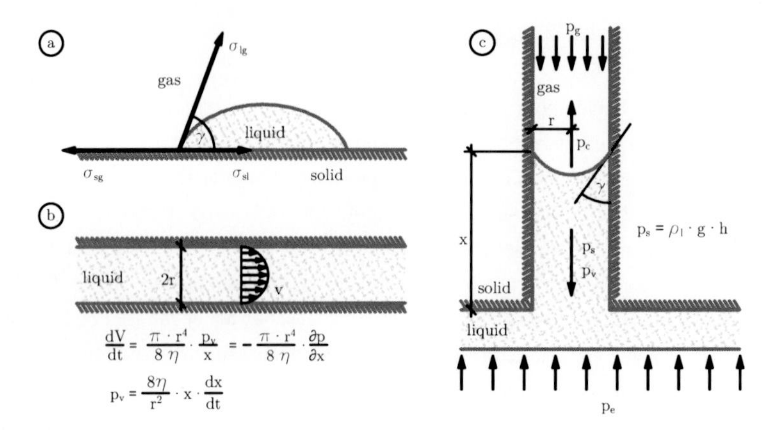

Abbildung 3.2: Schematische Darstellung der Definition von Kapillardruck p_c, Strömungsdruck p_v, Schweredruck p_s, Innerem p_g sowie Äußerem Gasdruck p_e im Transportmodell der Einzelkapillare nach Laplace [1805], Young [1805] und Poiseuille [1846]

Flüssigkeiten und Gasen steht aufgrund deren Kohäsions- und Adhäsionskräfte unter Spannung. Diese sogenannte Oberflächenspannung bewirkt, dass ein Wassertropfen im Schwerefeld eine kugelförmige Gestalt annimmt. Bei Kontakt eines Flüssigkeitstropfens mit einem Feststoff stehen die drei Grenzflächenspannungen (solid-liquid $\sigma_{s,l}$, solid-gas $\sigma_{s,g}$ und liquid-gas $\sigma_{l,g}$) im Bereich der Benetzungslinie im Gleichgewicht (vgl. Abbildung 3.2 Bildabschnitt ⓐ). Der dabei an der Dreiphasengrenze entstehende Winkel wird als Benetzungswinkel γ bezeichnet.

$$\sigma_{l,g} \cdot \cos(\gamma) = \sigma_{s,g} - \sigma_{s,l} \qquad [\mathrm{kg} \cdot \mathrm{s}^{-2}]. \tag{3.1}$$

In einer engen, teilweise mit Flüssigkeit gefüllten kreisförmigen Einzelkapillare erzeugt dies einen nach innen gerichteten Kapillardruck p_c (vgl. Abbildung 3.2 Bildabschnitt ⓒ). Dieser definiert sich als Differenz aus Flüssigkeitsdruck p_l und Gasdruck p_g. Laplace [1805] und Young [1805] beschreiben dies wie folgt:

$$p_c = p_l - p_g = \frac{2 \cdot \pi \cdot r \cdot \sigma_{l,g} \cdot \cos(\gamma)}{\pi \cdot r^2} = \frac{2 \cdot \sigma_{l,g}}{r} \cdot \cos(\gamma) \qquad [\mathrm{Pa}]. \tag{3.2}$$

Der Kapillardruckgradient bzw. der Flüssigkeitsdruckgradient wird als die eigentliche Ursache für die Bewegung von Flüssigkeiten in kapillarporösen Stoffen betrachtet. Poiseuille [1846] nutzt den Druckgradienten für die Beschreibung der Feuchtebewegung in engen Röhren. Als einwirkende Drücke können hier der Kapillardruck und die Schwerkraft identifiziert werden. Abbildung 3.2 Bildabschnitt ⓑ zeigt ein Strömungsprofil durch eine Einzelkapillare. Bei laminarer Strömung durch eine kreisrunde Einzelkapillare mit konstantem Querschnitt ergibt sich demnach der Flüssigkeitsstrom zu:

$$j_l = \frac{\rho_l \cdot r^2}{8 \cdot \eta_l} \cdot \left[\frac{\partial p_c}{\partial x_k} + \rho_l \cdot g \right] \quad [\mathrm{kg} \cdot \mathrm{m}^{-2} \cdot \mathrm{s}^{-1}]. \tag{3.3}$$

3.3 Der Wasseraufnahmekoeffizient

Das Wasseraufnahmeexperiment stellt einen Sonderfall in der Theorie des Flüssigwassertransportes in kapillarporösen Stoffen dar. Es beschreibt eine Materialprobe ohne vorhandenen Feuchtegehaltsgradienten beim Kontakt mit flüssigem Wasser. Bei porösen Baustoffen mit einer gleichmäßig verteilten Porenradienverteilung stellt sich die flächenbezogene Wasseraufnahmerate linear über die Wurzel der Versuchsdauer dar (vgl. Abbildung 3.3). Das Experiment kann dabei in zwei Abschnitte unterteilt werden. Der lineare Anstieg im ersten Abschnitt entspricht dem Wasseraufnahmekoeffizienten A_w $[kg \cdot m^{-2} \cdot s^{-0,5}]$ des Baustoffs. Am Ende des ersten Abschnittes erreicht die eindringende Feuchtefront die Oberseite des Probekörpers. Das Porenvolumen des Probekörpers ist nun teilweise mit Wasser gefüllt und ein weiterer Anstieg des Feuchtegehaltes erfolgt deutlich langsamer. Die weitere Feuchteaufnahme erfolgt aufgrund von Feuchtigkeitsumverteilungen und der Entlüftung von Poren. Dabei steigt der Wassergehalt der Probe theoretisch bis zum Erreichen der effektiven Wassersättigung θ_{eff} $[kg \cdot m^{-2}]$ weiter an. Der Schnittpunkt aus den mittleren Steigungen beider Bereiche definiert den kapillaren Wassergehalt θ_{cap} $[kg \cdot m^{-2}]$. Das Aufsaugverhalten kann analog Abschnitt 3.2 im Modell der Einzelkapillare beschrieben werden. Ausgehend von der Bernoulli-Gleichung (Bernoulli [1738]) leitet Lykov [1958] eine allgemeine Differentialbeziehung für die Beschreibung der Flüssigkeitsbewegung in engen Kapillaren her:

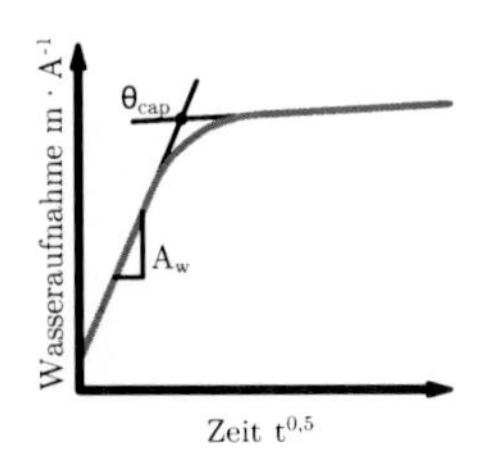

Abbildung 3.3: Kurve des Wasseraufnahmeexperimentes mit Definitionen der Wasseraufnahmekoeffizienten A_w und des kapillaren Wassergehaltes θ_{cap}

$$x \cdot \frac{d^2x}{dt^2} + \left(\frac{dx}{dt}\right)^2 + \frac{p}{\rho} + g \cdot h = konst \tag{3.4}$$

$$\rho_l \cdot x \cdot \frac{d^2x}{dt^2} + \rho_l \cdot \left(\frac{dx}{dt}\right)^2 + p_v + p_s - p_c = 0 \qquad [\text{Pa}]. \tag{3.5}$$

Die ersten beiden Glieder in Gleichung 3.5 beschreiben den Trägheits- und Geschwindigkeitsdruck und können für geringe Sauggeschwindigkeiten vernachlässigt werden. Bei geringen Saughöhen und beim waagerechten Saugen kann ebenfalls der Einfluss aus hydrostatischem Druck p_s im vierten Glied vernachlässigt werden. Bei gleichzeitiger Vernachlässigung von ggf. auftretenden inneren p_g und äußeren Drücken p_e (vgl. Abbildung 3.2) stellt sich ein Gleichgewicht aus Kapillardruck p_c und Strömungsdruck p_v ein (vgl. Lutz et al. [1994]):

$$p_v - p_c = 0 \qquad [\text{Pa}]. \tag{3.6}$$

Durch Einsetzen der Gleichungen des Strömungsdruckes nach Poiseuille [1846] des Kapillardruckes nach Gleichung 3.2 ergibt sich Gleichung 3.6 zu:

$$\frac{8 \cdot \eta_l}{r^2} \cdot x \cdot \frac{dx}{dt} - \frac{2 \cdot \sigma_{lg} \cdot \cos\gamma}{r} = 0 \qquad [\text{Pa}]. \tag{3.7}$$

Durch Integration mit der Anfangsbedingung $x = 0$ für $t = 0$ ergibt sich durch Umstellen nach der Eindringtiefe:

$$x(t) = \left[\left(\frac{r \cdot \sigma_{lg} \cdot \cos\gamma}{2 \cdot \eta_l}\right)^{0,5}\right] \cdot t^{0,5} \qquad [\text{m}]. \tag{3.8}$$

Im Sinne des Wasseraufnahmekoeffizienten wird aus Gleichung (3.8) die Eindringtiefe durch die flächenbezogene Masse des aufgenommenen Wassers $m(t)$ ersetzt:

$$m(t) = \left[\left(\frac{r \cdot \sigma_{lg} \cdot \cos\gamma}{2 \cdot \eta_l}\right)^{0,5} \cdot \rho_l \cdot \theta_{cap}\right] \cdot t^{0,5} \qquad [\text{kg} \cdot \text{m}^{-2}]. \tag{3.9}$$

Das Wasseraufnahmeexperiment wird dabei von der Oberflächenspannung der Flüssigkeit $\sigma\,[\text{N} \cdot \text{m}^{-1}]$, dem Kapillarradius $r\,[\text{m}]$, dem Benetzungswinkel $\gamma\,[°]$, der dynamischen Viskosität der Flüssigkeit $\eta\,[\text{kg} \cdot \text{m}^{-1} \cdot \text{s}^{-1}]$, der Dichte der Flüssigkeit $\rho\,[\text{kg} \cdot \text{m}^{-3}]$ und dem kapillaren Wassergehalt $\theta_{cap}\,[\text{m}^3 \cdot \text{m}^{-3}]$ beschrieben. Nach Gleichung (3.8) steigt die Eindringtiefe linear zur Wurzel der Saugzeit $t\,[\text{s}]$, in der Literatur auch als $\sqrt{\text{t}}$-Gesetz bezeichnet (vgl. Kozeny [1927], Schwarz [1972] und Künzel [1974]). Aufgrund von komplexen Porenraumgeometrien kapillarporöser Stoffe und der starken Wassergehaltsabhängigkeit des

Benetzungswinkels erscheint eine physikalische Lösung von Gleichung (3.8) und (3.9) als aussichtslos. Schwarz [1972] definierte die Materialkonstanten Wasseraufnahmekoeffizient A_w und Wassereindringkoeffizient B. Analog zu Gleichung (3.8) und (3.9) beschreibt er den Vorgang des Wasseraufnahmeexperimentes durch die Beziehungen:

$$x(t) = B \cdot t^{0,5} \qquad [\mathrm{m}] \tag{3.10}$$

und

$$m(t) = A_w \cdot t^{0,5} \qquad [\mathrm{kg} \cdot \mathrm{m}^{-2}], \tag{3.11}$$

wobei unter Voraussetzung eines in etwa konstanten kapillaren Wassergehaltes folgender Zusammenhang besteht:

$$B = \frac{A_w}{\theta_{cap} \cdot \rho_l} \qquad [\mathrm{m} \cdot \mathrm{s}^{-0,5}]. \tag{3.12}$$

Aus Gleichung (3.9) ergibt sich die allgemeine Lösung des Wasseraufnahmekoeffizienten im Modell der Einzelkapillare entsprechend zu:

$$A_w = \left(\frac{r \cdot \sigma_{lg} \cdot \cos \gamma}{2 \cdot \eta_l} \right)^{0,5} \cdot \rho_l \cdot \theta_{cap} \qquad [\mathrm{kg} \cdot \mathrm{m}^{-2} \cdot \mathrm{s}^{-0,5}]. \tag{3.13}$$

3.3.1 Feuchtegehaltsprofile

Während des Wasseraufnahmeexperimentes an kapillarporösen Stoffen stellt sich i. d. R. keine scharfe Feuchtefront ein, welche sich innerhalb des Porensystems ausbreitet. Vielmehr entstehen dabei aufgrund der vorhandenen Porenraumgeometrie und Porenradienverteilung orts- und zeitabhängige Feuchtegehaltsprofile $\theta(x,t)$. Unter Einbeziehung der Boltzmann-Variable λ lassen sich diese Wassergehaltsprofile als Funktionen von λ darstellen. Die dabei entstehenden $\theta(\lambda)$-Profile konvergieren (vgl. Gummerson et al. [1979]). Der Wasseraufnahmekoeffizient berechnet sich numerisch nach Gummerson et al. [1980] aus dem Integral von $\theta(\lambda)$ wie folgt:

$$A_w = \rho_l \int_{\theta_{dry}}^{\theta_{cap}} \lambda(\theta_l) \cdot d\theta_l \qquad [\mathrm{kg} \cdot \mathrm{m}^{-2} \cdot \mathrm{s}^{-0,5}], \tag{3.14}$$

wobei

$$\lambda = \frac{x}{t^{0,5}} \qquad [\mathrm{m} \cdot \mathrm{s}^{-0,5}] \tag{3.15}$$

der Boltzmann-Variable entspricht.

3.3.2 Einflüsse auf den Wasseraufnahmekoeffizienten

Der Wasseraufnahmekoeffizient beschreibt die kapillare Saugfähigkeit von kapillarporösen Stoffen bei definierten Randbedingungen. Davon abweichende Randbedingungen beeinflussen entsprechend auch das Wasseraufnahmeverhalten. Die folgenden Unterpunkte beschreiben verschiedene Randbedingungen, die die Ergebnisse des Wasseraufnahmeexperimentes beeinflussen.

Eigenschaften des Wassers

Der Flüssigkeitstransport in kapillarporösen Stoffen wird durch die Eigenschaften des Fluides und im Falle des Wasseraufnahmeexperimentes durch die Eigenschaften des Wassers beeinflusst. Verschiedene Autoren untersuchten die Einflüsse der Wassertemperatur (Gummerson et al. [1980], Hall and Hoff [2012] und Karagiannis et al. [2016]) und gelöster Salze (Guimarães et al. [2016]) auf das Wasseraufnahmeexperiment. Für die Validierung ihrer Experimente nutzen die Autoren einen vereinfachten Ansatz basierend auf der allgemeinen Lösung des Wasseraufnahmeexperimentes aus Gleichung (3.13) wie folgt:

$$A_w = \left(\frac{\sigma_{lg,ref} \cdot \eta_l}{\sigma_{lg} \cdot \eta_{l,ref}} \right)^{0,5} \cdot A'_w \qquad [\mathrm{kg} \cdot \mathrm{m}^{-2} \cdot \mathrm{s}^{-0,5}], \tag{3.16}$$

wobei:

A_w : Wasseraufnahmekoeffizient

A'_w : Wasseraufnahmekoeffizient bei abweichenden Wassereigenschaften

$\sigma_{lg,ref}$: Oberflächenspannung von Wasser bei Referenzbedingungen

σ_{lg} : Oberflächenspannung von Wasser

$\eta_{l,ref}$: Dynamische Viskosität von Wasser bei Referenzbedingungen

η_l : Dynamische Viskosität von Wasser.

Dabei vernachlässigen die Autoren den Einfluss der Dichte des Wassers ρ_l auf die Wassereigenschaften.

Startfeuchtegehalt

Für die standardisierte Methode zur Bestimmung des Wasseraufnahmekoeffizienten sind die Prüfkörper zuvor auf einen definierten Wassergehalt zu konditionieren. Nach DIN EN ISO 15148 [2016] liegt dieser bei einem Ausgleichsfeuchtegehalt bei 50 % relativer Umgebungsluftfeuchtigkeit. Bei der Untersuchung der Wasseraufnahme in situ ist nicht davon auszugehen, dass die zu untersuchenden Baustoffe stets trocken sind. Ein vorhandenen Startfeuchtegehtalt θ_i $[\mathrm{m}^3 \cdot \mathrm{m}^{-3}]$ verändert das Wasseraufnahmeverhalten deutlich. Generell sinkt der für den Kapillartransport zur Verfügung stehende offene Porenraum mit steigendem Startfeuchtegehalt. Der Baustoff nimmt weniger flüssiges Wasser auf. Mit Erreichen des kapillaren Wassergehaltes $\theta_i = \theta_{cap}$ wird der Wasseraufnahmekoeffizient entsprechend zu null. Für Baustoffe mit vorhandenen Materialfunktionen $K_l(\theta)$ oder $D_l(\theta)$ kann diese Abhängigkeit berechnet werden. Philip [1957] leitet einen vereinfachten Ansatz für die Berechnung der Sorptivität S $[\mathrm{m} \cdot \mathrm{s}^{-0,5}]$ von Boden in Abhängigkeit des Startfeuchtegehalts her (vgl. Gleichung 3.17).

$$S \sim (\theta_{cap} - \theta_i)^{0,5} \tag{3.17}$$

In einer Reihe von weiteren rechnerischen Untersuchungen wird der Zusammenhang aus Sorptivität S und dem Diffusionskoeffizienten $D_l(\theta)$ für Böden und Baustoffe gegenübergestellt und approximiert (vgl. Brutsaert [1976], Kutilek and Valentova [1986], Hall [1989], Janz [1997] oder Lockington et al. [1999]). Damit lässt sich ein vorhandener Startfeuchtegehalt im Wasseraufnahmeexperiment berücksichtigen. Die Voraussetzung ist, dass sich die vorhandenen Feuchtegehalte im Ausgleichszustand befinden. Dabei sollte die Feuchte im Prüfkörper konstant ohne vorhandenen Feuchtegehaltsgradienten verteilt sein. Ferner ist es erforderlich, dass Umverteilungsprozesse innerhalb der Porenraummatrix (bzw. innerhalb des V_{REV}) bereits weitgehend abgeschlossen sind. In verschiedenen Studien wurde das Wasseraufnahmeverhalten an befeuchteten Proben aus verschiedenen Stoffen untersucht (vgl. Schwarz [1972], Hall et al. [1983], Janz [1997] oder Nokken and Hooton [2002]). Bei der Durchführung der Untersuchungen wurden die künstlich befeuchteten Baustoffproben in den Ausgleichszustand versetzt. Eine Umverteilung der Startfeuchtigkeit in Richtung kleinerer Poren war damit weitgehend abgeschlossen. Das Ziel der Vorkonditionierung der Probekörper war ein möglichst reproduzierbarer und gleichmäßiger Startfeuchtegehalt über die gesamte Probengeometrie hinweg. Schwarz [1972] lagerte die aufgefeuchteten Proben hermetisch abgeschlossen über mehrere Monate bei 50 $[^\circ\mathrm{C}]$. Janz [1997] verwendete eine Druckplattenapparatur zur Entwässerung von gesättigten Probekörpern. Aufwändig durchgeführte Vorkonditionierungen zeigen die Schwierigkeiten zum Erreichen von Gleichgewichtszuständen bei erhöhten Feuchtegehalten. Bei Untersuchungen in situ lassen sich solche Randbedingungen nur in den wenigsten Fällen realisieren. Hall and Hoff [2012] vergleichen verschiedene Ansätze zur Beschreibung der Sorptivität in Abhängigkeit des Startfeuchtegehaltes. Für kapillare Sättigungsgrade von $\theta_{ir} \leq 0,6$ $[-]$ zeigt sich eine gute Übereinstimmung von Messdaten mit dem ursprünglichen vereinfachten Ansatz von Philip [1957] aus Gleichung 3.17. Übertragen auf die Charakteristik des flächenbezogenen Wasseraufnahmekoeffizienten bei Berücksichtigung des Feuchtegehaltes und trockenen Ausgangsbedingungen lässt sich Gleichung 3.17 wie folgt ausdrücken:

$$A_{w,i} \cdot A_w^{-1} = (1 - \theta_{ir})^{0,5} \quad [-] \qquad \text{mit}: \theta_{ir} = \frac{\theta_i - \theta_{dry}}{\theta_{cap} - \theta_{dry}} \quad [-], \tag{3.18}$$

wobei:

$A_{w,i}$: Wasseraufnahmekoeffizient bei vorhandenem Startfeuchtegehalt
A_w : Wasseraufnahmekoeffizient
θ_{ir} : kapillarer Sättigungsgrad
θ_i : Startfeuchtegehalt
θ_{dry} : Feuchtegehalt im hygroskopischen Feuchtebereich
θ_{cap} : kapillarer Feuchtegehalt.

Äußerer Druck

Der Druckgradient stellt in kapillarporösen Stoffen die eigentliche Ursache für die Flüssigkeitsbewegung dar. Der Kapillardruck mit einem für kapillarporöse Baustoffe üblichen Bereich von $p_c = 10^3 ... 10^7$ [Pa] übernimmt dabei den wesentlichen Anteil. Aber auch äußere und innere Drücke (vgl. Abbildung 3.2) können die Flüssigkeitsbewegung in kapillarporösen Stoffen beeinflussen. Zacharias et al. [1990] untersuchten den Einfluss aus hydraulischem Druck auf den Feuchtetransport in kapillarporösen Stoffen. Im Ergebnis zeigte sich, dass der Transport in Stoffen mit besonders großen Porenradien wie Porenbeton stark durch äußere Drücke beeinflusst wird. Hingegen Stoffe mit geringeren Porenradien wie Ziegel einen deutlich geringeren Effekt auf äußeren Druck zeigen. In Lutz et al. [1994] wird der Lösung des Wasseraufnahmekoeffizienten analog Gleichung (3.5) durch einen äußeren Prüfdruck ergänzt. Die Autoren zeigen, dass der Einfluss aus äußeren Drücken auf das Wasseraufnahmeexperiment im Wesentlichen vom vorhandenen Kapillardruck abhängt. Im Ergebnis zeigt sich ein Zusammenhang aus Eindringtiefe bzw. Eindringgeschwindigkeit proportional zur Wurzel des Gesamtdruckes wie folgt:

$$\frac{x_p(t)}{x(t)} = \left(\frac{p_c + p_e}{p_c}\right)^{0,5} \quad [-]. \tag{3.19}$$

Für die Betrachtung des Wasseraufnahmeexperimentes im Kapillarenbündel-Modell mit äußerem Wasserdruck würde dieser die Transportgeschwindigkeit der Kapillaren mit einem geringen Kapillardruck (große Kapillarradien) deutlich stärker beeinflussen als jene mit einem hohen Kapillardruck (kleine Kapillarradien). Wie auch die Ergebnisse in Philip [1958] und Zacharias et al. [1990] zeigen, resultieren steigende Wasserdrücke in steileren Feuchtegehaltsprofilen $\lambda(\theta_l)$. Dabei wird das Wasseraufnahmeverhalten von Poren mit einem größeren Kapillarradius deutlich stärker durch einen applizierten Druck beeinflusst als jene mit einem kleineren. Bei der Betrachtung des Wasseraufnahmeverhaltens von Bauteilen mit Rissen und Fugen stellt sich hingegen auch bei geringen Drücken ein z. T. deutlich erhöhtes Wasseraufnahmeverhalten ein (vgl. Franke and Bentrup [1991b], Zhang et al. [2009] oder Olsson [2017]). Die durch einen äußeren Druck zusätzlich eingetragene Wassermenge hängt dabei wesentlich von der Rissgeometrie und den Materialeigenschaften ab.

3.4 Das Wasseraufnahmeexperiment als Laborverfahren

3.4.1 DIN EN ISO 15148

Die DIN EN ISO 15148 [2016] beschreibt ein Laborverfahren zur Bestimmung des Wasseraufnahmekoeffizienten A_w. Die dafür erforderlichen Materialproben weisen einen konstanten Querschnitt und eine Querschnittsfläche von ≥ 50 [cm^2] auf. Die Norm empfiehlt mindestens sechs Probekörper mit einer Gesamtgrundfläche von ≥ 300 [cm^2]. Um Verdunstung oder Wassereintritt über die Seitenflächen zu verhindern, sind diese abzudichten. Vor einer Untersuchung sind die Proben auf Ausgleichsfeuchtegehalt bei Raumklima zu konditionieren. Bei der Versuchsdurchführung werden die Ma-

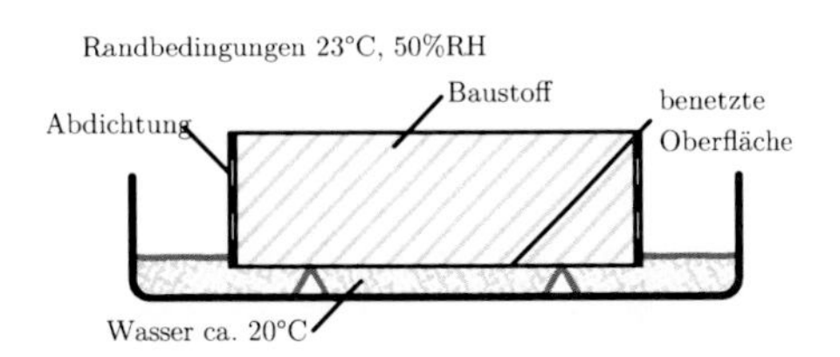

Abbildung 3.4: Randbedingungen zum Wasseraufnahmeexperiment nach DIN EN ISO 15148 [2016]

terialproben wenige Millimeter in ein Wasserbad getaucht. Das zu untersuchende Material nimmt nun je nach dessen vorhandener Kapillarität mehr oder weniger Wasser entgegen der Schwerkraft auf. In definierten Zeitabständen werden die Probekörper aus dem Wasserbad genommen, das oberflächliche Benetzungswasser abgetupft und gewogen. Die Gewichtszunahme der Probekörper entspricht deren auf kapillarem Weg aufgenommenen Wassermenge. Entsprechend der Norm DIN EN ISO 15148 [2016] gilt der Versuch als abgeschlossen, wenn die aufsteigende Feuchtefront an der Oberseite des Probekörpers angekommen oder die Versuchsdauer von $t = 24$ [h] erreicht ist. Entsprechend wird hier ausschließlich der erste Abschnitt des Wasseraufnahmeexperiments betrachtet (vgl. Abbildung 3.3). Die klimatischen Randbedingungen sind während des gesamten Versuches konstant auf 20 ± 2 [°C] und 50 ± 5 [%RH] zu halten (vgl. Abbildung 3.4). Die Auswertung der dabei ermittelten Datenreihen und die Bestimmung von A_w erfolgt halbgrafisch. Dabei wird die flächenbezogene Massenzunahme m $[\mathrm{kg} \cdot \mathrm{m}^{-2}]$ über die Wurzel der Versuchsdauer $t^{0,5}$ $[\mathrm{s}^{0,5}]$ in ein Diagramm eingetragen. Unter Berücksichtigung von Effekten zu Beginn und am Ende des Versuches wird ein linearer Bereich des ersten Abschnittes identifiziert. Mithilfe einer linearen Regressionsanalyse des selektierten Bereiches errechnet sich der A_w der Probe in $[\mathrm{kg} \cdot \mathrm{m}^{-2} \cdot \mathrm{s}^{-0,5}]$. Wird das Experiment fortgeführt, nachdem die Feuchtefront die Oberseite des Probekörpers erreicht hat, können Messdaten des zweiten Abschnittes gewonnen werden (vgl. Abbildung 3.3). Aus dem Schnittpunkt beider Abschnitte berechnet sich der kapillare Wassergehalt θ_{cap} $[\mathrm{m}^3 \cdot \mathrm{m}^{-3}]$ der Materialprobe.

3.4.2 Automatisches Verfahren

Neben den genormten manuellen Methoden wurden in den vergangenen Jahren auch eine Reihe von automatischen Verfahren zur Laborprüfung des Wasseraufnahmekoeffizienten und des kapillaren Wassergehaltes entwickelt (vgl. Plagge et al. [2005], Zelinka et al. [2016], Tuominen [2016]). Ausgehend vom Standardverfahren nach DIN EN ISO 15148 [2016] wird eine lufttrockene Materialprobe seitlich abgedichtet und in einen Versuchsaufbau integriert. Dabei hängt die Probe an einer Drahtkonstruktion und wird von der Unterseite mit einem Flüssigwasserkontakt beaufschlagt. Analog zum Standardverfahren saugt der Probekörper entsprechend der Materialeigenschaften flüssiges Wasser in eindimensionaler Richtung auf. Im Gegensatz zum Standardverfahren wird die Materialprobe jedoch nicht zum Wiegen aus der Prüfvorrichtung entnommen. Die Gewichtszunahme wird hier automatisch in definierten Zeitintervallen durch die Unterflurwaage oder eine Wägezelle aufgezeichnet. Plagge et al. [2005] erzielten für die Baustoffe Ziegel und Kalksandstein in Vergleichsexperimenten hohe Übereinstimmungswerte zwischen den Ergebnissen gemäß DIN EN ISO 15148 [2016] und denen Ergebnissen des automatischen Verfahrens. Die Vorteile des automatischen Verfahrens gegenüber dem Versuch nach DIN EN ISO 15148 [2016] liegen in einer kontinuierlichen Wasserbenetzung der Prüfkörper ohne Unterbrechungen aus Wägung, einer weitgehend nutzerunabhängigen Prüfung und in einer beliebig hohen Auflösung der Messdaten über die Versuchsdauer. Dadurch erreicht das automatische Verfahren höhere Prüfgenauigkeiten bei hohen Wasseraufnahmekoeffizienten, zu Beginn des Experimentes und im Bereichswechsels zur Bestimmung des kapillaren Wassergehaltes. Nachteilig ist eine Begrenzung und ggf. eine damit verbundene Bearbeitung der Probekörpergeometrie.

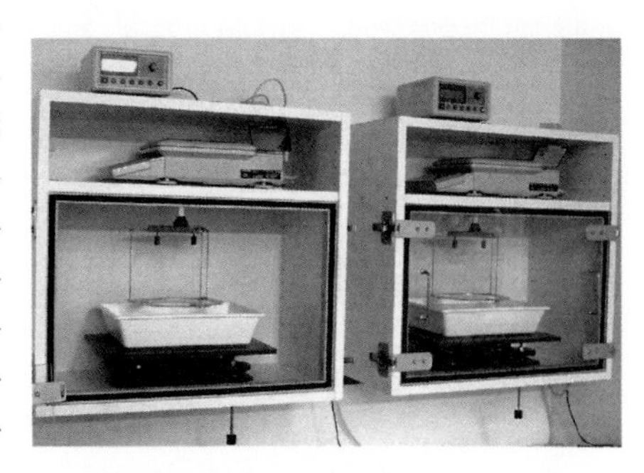

Abbildung 3.5: Messapparatur zur automatischen Messung des kapillaren Wassergehaltes und Wasseraufnahmekoeffizienten nach Plagge et al. [2005]

3.4.3 Studien zum Wasseraufnahmeexperiment

In einem Ringversuch (Roels et al. [2004]) wurden unter anderem der Wasseraufnahmekoeffizient und der kapillare Wassergehalt sowie deren Standardabweichung von Kalziumsilikat, Klinker und Porenbeton in insgesamt sechs verschiedenen Laboren bestimmt. Größere Unterschiede bei den Messergebnissen zeigen Potentiale zur Verbesserung bzw. weiteren Standardisierung der Prüfprozedur. Bomberg et al. [2005], Feng et al. [2015] und Feng and Janssen [2017] analysieren verschiedene Fehlereinflüsse, die bei der praktischen Durchführung des Wasseraufnahmeexperimentes auftreten können. Die definierten Einflüsse untergliedern sie analog zu den notwendigen Arbeitsschritten in die drei Gruppen. Erstens: Abweichungen zur Eindimensionalität des Feuchtetransportvorganges, betreffend die Geometrie, die Größe der Aufstandsfläche und die Methode der seitlichen Abdichtung der Probekörper sowie die Randbedingungen im Bereich der Oberseite des Probekörpers. Zweitens: die Vorbereitung der Probekörper mit dem Einfluss des Materialfeuchtegehaltes und der Rauigkeit der Saugfläche. Und drittens: Einflüsse aus der Vorgehensweise bei der Prüfung. Hier führen die Autoren unter anderem die Temperatur, die Höhe des Wasserspiegels und das Unterbrechen des Feuchtestromes, die Methode des Abtupfens der Proben bei der

Wägung oder die Prüfung durch verschiedene Laboranten. Bomberg et al. [2005] wiesen ferner darauf hin, dass der kapillare Wassergehalt nur bedingt eine konstante Größe darstellt. Insbesondere bei langen Messdauern steigt der Wassergehalt θ_{cap} im Bereich der Wasserkontaktebene weiter an. Die Autoren empfehlen die Dauer des Wasseraufnahmeexperimentes generell auf eine Stunde zu begrenzen. Ferner zeigen die Autoren, dass beim Wasseraufnahmeexperiment poröser Baustoffe die Linearität der kumulierten Wasseraufnahme über die Wurzel der Versuchsdauer keine unbegrenzte Gültigkeit besitzt. So zeigen Prüfdaten von Materialien wie Calciumsilikat oder Ziegel insbesondere zu Beginn der Prüfung z. T. ein davon abweichendes Verhalten. Die Autoren begründen diese mit der Saugrichtung entgegen wirkenden Luftdrücken, die aufgrund der hohen Eindringgeschwindigkeit zu Beginn des Experimentes wirken. Für das Überwinden dieser Effekte geben Bomberg et al. [2005] eine Dauer von $0,5 \text{ bis } 4,0\,[\text{min}]$ an. Auch bei Erreichen der Probekörperoberseite durch die Feuchtefront weicht des Wasseraufnahmeexperiment von der Linear-Wurzelzeit-Gesetzmäßigkeit ab. Ferner zeigen Materialien mit einem heterogenen Porensystem wie Porenbeton ein anderes Verhalten (vgl. Bomberg et al. [2005], Ioannou et al. [2008] oder Korecky et al. [2015]).

3.5 Das Wasseraufnahmeexperiment als In-situ-Verfahren

Für die Untersuchung des Wasseraufnahmeverhaltens von kapillarporösen Stoffen existieren eine Reihe von In-situ-Verfahren. In situ bedeutet dabei, dass diese Verfahren direkt am Objekt bzw. am Bauteil angewendet werden. Der Abschnitt betrachtet dabei ausschließlich Verfahren, die auch an Fassadenflächen angewendet werden können. Man unterscheidet zwischen zerstörenden, zerstörungsarmen und zerstörungsfreien Verfahren. Eine zerstörende In-situ-Untersuchung könnte die Entnahme von Bohrkernproben an einer Fassade mit anschließender Laborprüfung nach DIN EN ISO 15148 [2016] sein. Zerstörungsarme Verfahren wie die Methode nach ASTM C 1601 [2014] benötigen Bohrlöcher in einer Fassade für die Befestigung einer Prüfapparatur. Hingegen kommen zerstörungsfreie Prüfverfahren wie der Wassereindringprüfer nach Karsten [1960] oder die WD Prüfplatte nach Franke et al. [1987] gänzlich ohne eine Beschädigung des Fassadenuntergrundes aus. In diesem Abschnitt werden die bedeutendsten Verfahren vorgestellt und deren Funktionsweise erläutert. Anschließend werden verschiedene Randbedingungen betrachtet, die Ergebnisse aus In-situ-Prüfungen im Gegensatz zur Prüfung im Labor beeinflussen können. In einer Zusammenfassung wird schließlich der Stand von Wissenschaft und Technik zur In-situ-Prüfung des Wasseraufnahmeverhaltens von Fassaden analysiert.

3.5.1 Wassereindringprüfer nach Karsten

Der Wassereindringprüfer nach Karsten [1960], auch *Karstensches Prüfröhrchen* genannt, ist ein in der Fachwelt weit verbreitetes Verfahren zur Untersuchung des Wassereindringverhaltens von Baustoffen. Basierend auf der Veröffentlichung in RILEM [1980] wird die Methode im nicht deutschsprachigen Raum häufig als *RILEM Tube* bezeichnet. Das Prüfgerät besteht aus einer Glas- oder Kunststoffglocke mit einer ca. $3\,[\mathrm{cm}]$ weiten Öffnung und einem daran angebrachten Röhrchen mit aufgedruckter Messskala (vgl. Abbildung 3.6 Bildabschnitt ⓐ). Karsten entwickelte eine Variante für senkrechte und eine für waagerechte Flächen. Bei der Durchführung wird das Prüfgerät mithilfe eines Dichtstoffes (z. B. Silikonkautschuk, Silikon, ölgebundene Kitte etc) an der Prüffläche fixiert. Mit einer Spritzflasche oder Pipette wird das Röhrchen bis zur Nullmarke mit Wasser befüllt. Dabei entsteht für die Prüffläche von ca. $7\,[\mathrm{cm}^2]$ ein Wasserkontakt bei gleichzeitiger Druckeinwirkung von $10\,[\mathrm{cm}]$ Wassersäule (ca. $p_e = 980\,[\mathrm{Pa}]$). Je nach den Eigenschaften des zu untersuchenden Materials oder vorhandenen Rissen sinkt der Wasserstand im Röhrchen. In regelmäßigen Abständen wird der Wasserstand notiert und das Röhrchen wieder aufgefüllt. Die gemessenen Daten werden als mittlere Wasseraufnahmerate in $[\mathrm{ml}\cdot\mathrm{min}^{-1}]$ mit vorgeschlagenen Grenzwerten verglichen (vgl. Dahmen [1989]; Karsten [2003]). Entgegen der allgemeinen Gleichung (3.11) für die Beschreibung des Wasseraufnahmeexperimentes wird für die Bewertung der Messdaten die Zeit t anstatt der Wurzelzeit $t^{0,5}$ eingesetzt. Messabweichungen entstehen bei dem Verfahren insbesondere durch die kleine Prüffläche, seitliche Wasserverteilungen im Baustoff und Veränderungen im Behältervolumen infolge Kriechen des Kitts.

Abbildung 3.6: ⓐ Wassereindringprüfer nach Karsten und ⓑ WD Prüfplatte nach Franke

3.5.2 WD Prüfplatte nach Franke

Die WD Prüfplatte nach Franke et al. [1987] (siehe Abbildung 3.6 Bildabschnitt ⓑ) wurde zur Bemessung und Überprüfung von nachträglichen hydrophobierenden Imprägnierungen auf Sichtmauerwerksfassaden entwickelt. Aufbau und Prüfdurchführung stimmen – abgesehen von der größeren Prüffläche – im Wesentlichen mit dem Wassereindringprüfer nach Karsten [1960] (siehe Abschnitt 3.5.1) überein. Mit einer Prüffläche von $8,1\,[\mathrm{cm}] \cdot 25,0\,[\mathrm{cm}]$ erfasst die Vorrichtung in etwa einen Läuferstein im Normalformat einschließlich einer Stoß- und einer Lagerfuge (vgl. Abbildung 3.6 re.). Aus der größeren Prüffläche ergibt sich eine vom Wassereindringprüfer nach Karsten [1960] abweichende Prüfdruckverteilung. Während beim Wassereindringprüfer ein weitgehend konstanter Prüfdruck von $10\,[\mathrm{cm}]$ Wassersäule auf die Prüffläche wirken, variiert der Prüfdruck bei der WD Prüfplatte vom oberen Bereich mit $\leq 1\,[\mathrm{cm}]$ Wassersäule zum unteren Bereich mit $\geq 8\,[\mathrm{cm}]$ Wassersäule. Franke et al. [1987] berechnen den Wasseraufnahmekoeffizienten aus Daten der WD Prüfplatte analog zur Gleichung 3.11 des Laborexperiments. Seitliche Verteilungseffekte entlang der Kittdichtung werden dabei vernachlässigt.

3.5.3 Wassereindringprüfer nach Pleyers und Twelmeier

Bei Anwendung des Wassereindringprüfers nach Karsten bzw. der WD Prüfplatte nach Franke reichen die durchfeuchteten Flächen am Prüfkörper in der Regel über die jeweilige benetzte Prüffläche hinaus. Dieses dreidimensionale Saugen bei der Prüfung an der Fassade unterscheidet sich grundsätzlich vom eindimensionalen Laborexperiment. Bei mehrschichtigen Putzsystemen mit verschiedenen Materialeigenschaften der einzelnen Schichten verstärkt sich dieser Effekt teilweise. Das erschwert einen Vergleich von Messdaten an verschiedenen Bauteilen bzw. mit Daten des Laborexperimentes (vgl. Wendler and Snethlage [1989], Knöfel et al. [1995] und Haindl et al. [2016]). Für die Lösung dieser Problematik nutzen Pleyers [1999] und daran anlehnend auch Twelmeier [2012] einen messtechnischen Ansatz. Die dabei entwickelten Wassereindringprüfer nach Pleyers [1999] und die modifizierte WA Prüfplatte nach Twelmeier [2012] gelten als Weiterentwicklungen des Wassereindringprüfers nach Karsten bzw. der WD Prüfplatte nach Franke (vgl. Abbildung 3.7). Beide Verfahren nutzen je eine separate Benetzungsfläche ringförmig um die eigentliche Prüffläche. Dadurch erreichen sie eine Trennung von eindimensionalem Saugen und den bei der Prüfung auftretenden Randeffekten. Die eigentliche Durchführung ähnelt dabei den Methoden nach Karsten und Franke. Während einer Prüfung werden die Prüfgeräte mittels Kitt an

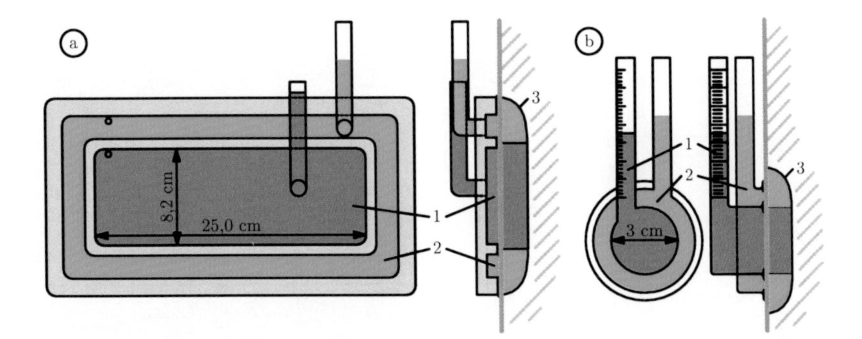

Abbildung 3.7: ⓐ Skizze der WA Prüfplatte nach Twelmeier [2012] und ⓑ des Wassereindringprüfers nach Pleyers [1999] (re.) mit je 1: innere Prüfkammer, 2: äußere Prüfkammer und 3: Feuchtefront im Bauteil

der Wandfläche befestigt. Dabei werden durch einen zusätzlichen Abdichtungskranz eine innere und eine äußere Prüfkammer gebildet. Bei einer Prüfung werden beide Prüfkammern gleichzeitig mit Wasser befüllt. Wobei ausschließlich der Wasserstand der inneren Prüfkammer überwacht wird. Aufgrund der zusätzlichen äußeren Prüfkammer weist der Wassertransport der inneren Prüfkammer eine weitgehend eindimensionale Saugrichtung auf (vgl. Abbildung 3.7).

3.5.4 ASTM C 1601

Die amerikanische Norm ASTM C 1601 [2014] beschreibt einen Feldversuch zur Bestimmung des Wasseraufnahmeverhaltens von Fassaden. Das Verfahren basiert auf dem Laborprüfverfahren nach ASTM E 514 [2011]. Bei dem Laborverfahren wird an eine ausreichend große Mauerwerkswand ein Prüfrahmen mit einer inneren Breite von mindestens $90\,[\mathrm{cm}]$ und einer inneren Höhe von mindestens $120\,[\mathrm{cm}]$ befestigt. Die von der Prüfwand abgewandte Seite ist mit einer Platte verschlossen. Die dabei entstehende Kammer bildet den Prüfraum, in dem die eingeschlossene Mauerwerksfläche künstlich beregnet wird. Über eine kleine Öffnung mit angeschlossenem Ventilator wird der Luftdruck in der Prüfkammer gesteuert. In einer 4-stündigen Prüfung wird die Prüffläche permanent beregnet. In definierten Intervallen wird gleichzeitig der Prüfdruck in der Prüfkammer kontinuierlich erhöht. Während der Prüfung wird dokumentiert, zu welchem Zeitpunkt und in welchem Umfang Feuchtigkeit auf der Rückseite der Mauerwerkswand durchschlägt. Die vom Mauerwerk aufgesaug-

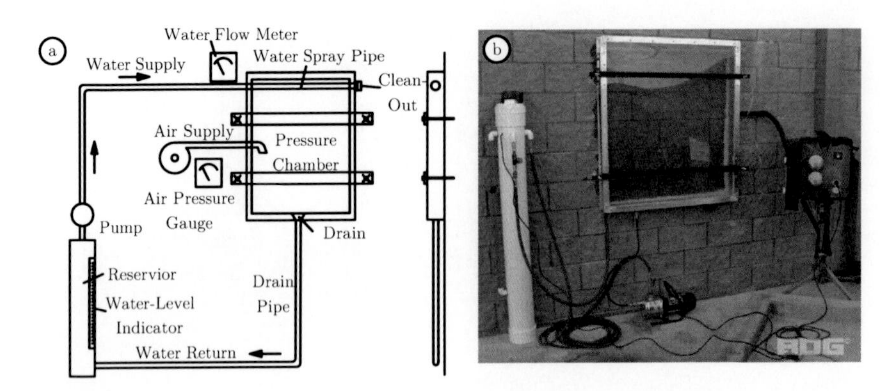

Abbildung 3.8: ⓐ Skizze und ⓑ Foto des Versuchsaufbaus (Building Diagnostics Group [2018]) nach ASTM C 1601 [2014]

te Wassermenge wird nicht aufgezeichnet. Das Laborverfahren nach ASTM E 514 [2011] untersucht damit vielmehr die Regenwasserdurchlässigkeit von Mauerwerkswandkonstruktionen. Monk [1982] modifiziert das Laborverfahren für eine In-situ-Anwendung. Abbildung 3.8 zeigt den prinzipiellen Versuchsaufbau und die einzelnen Komponenten bestehend aus einer Testkammer mit einer rechteckigen Öffnung, einem Sprühbalken, einer Pumpe, einem Wasserzähler, einem Wasservorratsbehälter mit integrierter Wasserstandskala, einem Kompressor und einem Luftdruckmessgerät. Das später als ASTM C 1601 [2014] genormte Verfahren unterscheidet zwischen einer Standard- und einer alternativen Prüfdurchführung. Bei der Standardprüfung wird die Fassade mit einer Schlagregenbeanspruchung von $138\,[\mathrm{l}\cdot\mathrm{m}^{-2}\cdot\mathrm{h}^{-1}]$ und einen Prüfdruck von $500\,[\mathrm{Pa}]$ belastet. Bei der alternativen Durchführung werden die simulierten Schlagregenbeanspruchungen und die Prüfdrücke anhand lokaler Klimadaten angepasst. Im Gegensatz zur Laborvariante arbeitet das In-situ-Verfahren mit einem geschlossenen Wasserkreislaufsystem, wobei das an der Fassade ablaufende Wasser in ein Wasserreservoire zurückläuft. Der Wasserstand im Wasserreservoire wird mit einer Genauigkeit von $\pm 0,1\,[\mathrm{l}]$ kontinuierlich aufgezeichnet. Die Auswertung erfolgt händisch durch Eintragen der Wasserstände über die Versuchsdauer. Durch eine lineare Regressionsanalyse wird schließlich die Oberflächeneindringrate in $[\mathrm{l}\cdot\mathrm{m}^{-2}\cdot\mathrm{h}^{-1}]$ berechnet. Eine Gegenüberstellung dieser Daten mit dem Wasseraufnahmekoeffizienten der Fassadenbaustoffe mit der Einheit $[\mathrm{kg}\cdot\mathrm{m}^{-2}\cdot\mathrm{h}^{-0,5}]$ ist aufgrund der charakteristischen Wurzelskalierung nur begrenzt möglich.

3.5.5 Mirowski Röhrchen

Das Mirowski Röhrchen beruht auf der Patentanmeldung von Mirowski [1979]. Im Gegensatz zur Mehrzahl der etablierten In-situ-Prüfverfahren wurde an dieser Stelle kein Wasserkontakt unter Staudruckwirkung als Prüfbedingung gewählt. Die Benetzung der zu untersuchenden Prüffläche erfolgt durch den Kontakt mit einem dauerhaft feuchten Schwamm. Damit erfolgt die Prüfung ohne einen vorhandenen Prüfdruck, im Gegensatz beispielsweise zum Prüfröhrchen nach Karsten [1960]. Anwendung findet das Verfahren hauptsächlich an Skulpturen und Kleindenkmalen aus kapillarporösen Stoffen. Abbildung 3.9 zeigt eine Skizze des Mirowski Röhrchens mit den Bestandteilen. Das schlanke Glasröhrchen ist an der Oberseite verschlossen und endet an der Unterseite mit einem zylindrischen Kontaktschwamm als Stopfen. Die aufgedruckte Messskala reicht bis $10\,[\mathrm{ml}]$. Für eine Prüfung wird das Röhrchen auf dem Kopf stehend mit destilliertem Wasser befüllt. Es folgt die Versiegelung des Röhrchens mittels einem zuvor durchfeuchteten Kontaktschwamm. Nach der Fixierung des Röhrchens an der Wandfläche steht der feuchte Schwamm in Kontakt zur Prüffläche und gibt an diese kontinuierlich Feuchtigkeit ab. Die Prüfdauer wird vom Entwickler selbst nicht beschränkt, wobei die Prüfung spätestens nach Erreichen der 10-ml-Marke abgeschlossen ist (Vandevoorde et al. [2012]). Mit einem Schwammdurchmesser von $12\,[\mathrm{mm}]$ verwendet das Prüfverfahren eine besonders kleine Befeuchtungsfläche. Analog der Methode des Prüfröhrchen nach Karsten [1960] wird während der Prüfung der Wasserstand im Röhrchen zu verschiedenen Zeitpunkten abgelesen und notiert. Anhand dieser Daten wird schließlich die Sauggeschwindigkeit in $[\mathrm{ml} \cdot \mathrm{min}^{-1}]$ bestimmt und mit Referenzdaten verglichen. Während einer Prüfung bildet sich auf der Prüfkörperoberfläche eine kreisrunde Durchfeuchtungsfläche. Ausgehend von einer annähernd halbkugelförmigen Feuchteausbreitung im Prüfkörper lässt sich damit das durchfeuchtete Volumen abschätzen. Mithilfe der Messdaten des Mirowski Röhrchens kann so durch Dividieren von eingedrungenem Wasservolumen durch das durchfeuchtete Volumen der kapillare Wassergehalt $\theta\,[\mathrm{m}^3 \cdot \mathrm{m}^{-3}]$ in situ abgeschätzt werden. Vandevoorde et al. [2012] zeigen in einem Vergleich verschiedener In-situ-Prüfverfahren, dass das Mirowski Röhrchen primär aufgrund seiner geringen Prüffläche zu unzuverlässigen Ergebnissen führt.

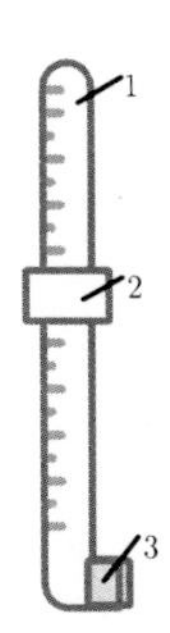

Abbildung 3.9: Skizze des Mirowski Röhrchens mit 1: Messröhrchen, 2: Ring für Wandbefestigung und 3: Kontaktschwamm

3.5.6 Contact sponge method

Abbildung 3.10: Contact sponge method während einer Prüfung aus Nogueira et al. [2014]

Die Contact Sponge Method basiert, ähnlich wie das Mirowski Röhrchen, auf dem Feuchtetransport eines feuchten Schwammes zu einem kapillarporösen Stoff. Das Verfahren wurde für die In-situ-Untersuchung der Oberflächeneigenschaften von Kulturgütern entwickelt (vgl. Tiano and Pardini [2004], Vandevoorde et al. [2009] und Nogueira et al. [2014]). Die primäre Anwendung liegt bei Skulpturen und Kleindenkmalen aus kapillarporösen Stoffen. Die Apparatur besteht aus einem kreisrunden Kosmetikschwamm mit einem Durchmesser von $d = 5,5\ [\mathrm{cm}]$ auf einer Kunststoffplatte (vgl. Abbildung 3.10). Bei der Anwendung des Verfahrens wird über einen Zeitraum von 30 Sekunden bis 5 Minuten der zuvor definiert befeuchtete Schwamm auf die zu untersuchende Prüffläche gedrückt. Dabei gibt der Schwamm Feuchtigkeit an die Prüffläche ab und der Gewichtsverlust des Schwammes entspricht des aufgesaugten Wassermenge der Materialoberfläche. Bezogen auf die Prüffläche kann der aus der Prüfung resultierende Feuchtestrom berechnet werden. Ein kontinuierlicher und reproduzierbarer Anpressdruck des Schwammes wird durch die Höhe der Kunststoffform, in die der Schwamm eingebettet ist, definiert. Nogueira et al. [2014] untersuchten den Zusammenhang aus Messdaten der Contact Sponge Method und des Wasseraufnahmekoeffizienten an verschiedenen Baustoffen. In den Ergebnissen zeigt sich eine lineare Abhängigkeit beider Größen. Dennoch bewegt sich die flächenbezogene Wasseraufnahme von stark saugenden Materialien bei der Contact Sponge Method um den Faktor 2 unterhalb der Ergebnisse des Wasseraufnahmeexperimentes als Laborversuch. Auch ist die Aussagekraft der Ergebnisse aufgrund der kurzen Prüfdauer lediglich auf die Eigenschaften der Materialoberfläche beschränkt.

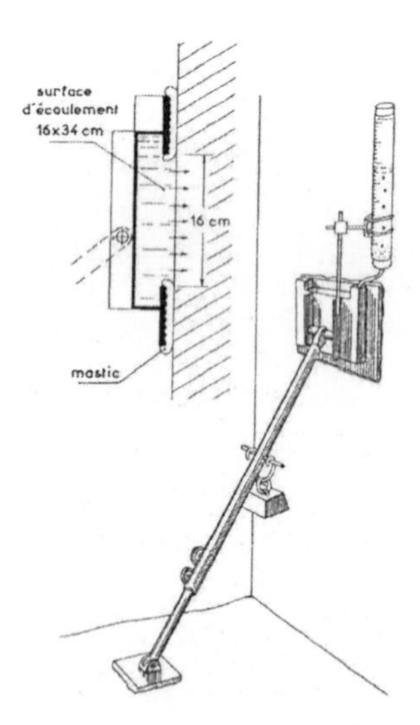

Abbildung 3.11: Skizze der Prüfmethode nach Mariotti and Mamillan [1963]

3.5.7 Prüfmethode nach Mariotti und Mamillan

Eine weitere In-situ-Prüfmethode wurde von Mariotti und Mamillan entwickelt (Mariotti and Mamillan [1963]), später auch als *RILEM Test No. II. 3 Water absorption under low pressure (box method)* bezeichnet (RILEM [1980]). Das Verfahren basiert auf einer mit Wasser gefüllten Prüfkammer analog der Methoden nach Karsten [1960] oder Franke et al. [1987]. Die Autoren verwenden eine Prüffläche von $16\ [\mathrm{cm}] \cdot 34\ [\mathrm{cm}]$. Abbildung 3.11 zeigt eine Skizze des Versuchsaufbaus sowie einen Schnitt. Dabei wird eine Box mithilfe eines am Boden fixierten Teleskopstabes gegen die Wand gedrückt. Als Dichtungsmaterial dient ein Kitt. Befüllt wird die Box über ein Messrohr, das gleichzeitig zum Ablesen des Wasserstandes verwendet wird. Nach dem Einfüllen des Wassers beträgt die Prüfdauer $30\ [\mathrm{min}]$. In diesem Zeitraum wird der Wasserstand im Messrohr abgelesen und notiert. In einem Diagramm werden die Daten anschließend über die Zeit aufgetragen und ausgewertet. Besonderheit des Verfahrens liegt in der Befestigungsvariante mittels Teleskopstab. Diese verhindert ein Verrutschen der Prüfvorrichtung während der Untersuchung, bspw. durch Kriechen des Kittes.

3.5.8 Wasserbenetzungsgerät nach Leonhardt und Lukas

Das Wasserbenetzungsgerät nach Leonhardt und Lukas dient der Erfassung des Saugverhaltens von Gesteinsoberflächen (Leonhardt et al. [1991]). Abbildung 3.12 zeigt das Gerät beim Einsatz. Es besteht aus einem ca. $20\ [\mathrm{cm}]$ hohen Glaskolben mit darin eingebauter Messpipette. Zunächst ist die Pipette bis zur Nullmarke mit Wasser zu befüllen. Anschließend wird der Innenraum des Glaskolbens mithilfe eines Blasebalgs auf einen Überdruck von $0{,}4\ [\mathrm{bar}]$ gebracht. Durch das Öffnen der Pipette lässt man eine definierte Wassermenge (z.B. $1{,}0\ [\mathrm{cm}^3]$) in den Kolben laufen. Mit dem Öffnen des Auslasshahnes wird schließlich die dosierte Wassermenge mit definiertem Druck auf die Fassadenoberfläche gespritzt. Bei Oberflächen mit einer besonders geringen Saugfähigkeit ist das ablaufende Oberflächenwasser mit einem Zellstofftuch abzutupfen, zu wiegen und von der aufgespritzten Wassermenge abzuziehen. Die Kontur der

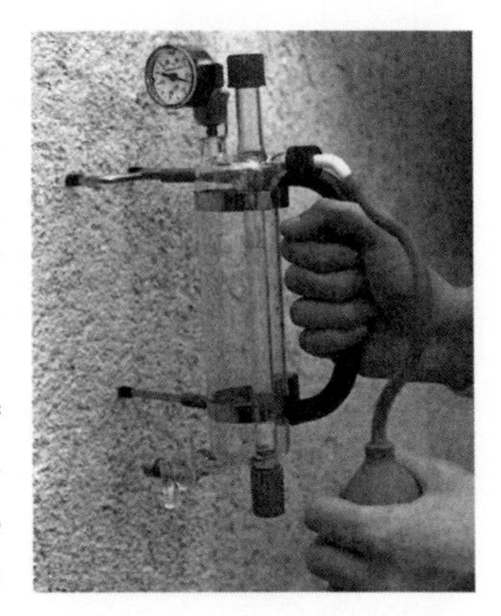

Abbildung 3.12: Wasserbenetzungsgerät nach Leonhardt et al. [1991]

schließlich benetzten Fläche wird auf Transparentpapier nachgezeichnet. Die aufgesaugte Wassermenge je Benetzungsfläche ergibt schließlich die Saugfähigkeit der Gesteinsoberfläche in $[g \cdot cm^{-2}]$. Saugfähigkeitsmessungen in Leonhardt et al. [1991] ergaben eine annähernd lineare Korrelation zwischen gemessener Oberflächensaugfähigkeit und Wasseraufnahmekoeffizient an verschiedenen Natursteinen. Die Autoren geben an, dass damit eine Abschätzung des Wasseraufnahmekoeffizienten mithilfe des Wasserbenetzungsgerätes in einem Bereich von $> 0,5$ $[kg \cdot m^{-2} \cdot h^{-0,5}]$ möglich sei.

3.5.9 Berechnung seitlicher Feuchteausbreitung

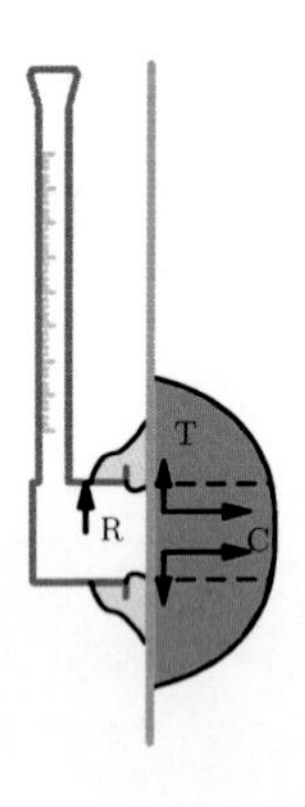

Abbildung 3.13: Dreidimensionale Verteilung der Feuchtigkeit im Baustoff

Bei Untersuchungen des Wasseraufnahmekoeffizienten in situ erfolgt stets die Prüfung einer Teilfläche durch Anlegen einer Wasserkontaktfläche. An deren Rändern weicht die resultierende Saugrichtung unweigerlich von der Normale der Benetzungsfläche ab. Bezogen auf die benetzte Fläche führen diese seitlichen Wasserverteilungseffekte zwangsläufig zu erhöhten Wasseraufnahmeraten gegenüber einem rein eindimensionalen Experiment. Um eine gewisse Vergleichbarkeit aus in situ und Labordaten herzustellen, kann analog Abschnitt 3.5.3 ein messtechnischer oder, wie folgt beschrieben, ein rechnerischer Ansatz genutzt werden. Wendler and Snethlage [1989] wiesen auf die Problematik hin, dass bei Untersuchungen mittels Karstenschen Prüfröhrchen stets ein seitlicher Feuchtetransport statt findet. Sie entwickelten eine geometrische Lösung für die Beschreibung des wachsenden Durchfeuchtungskörpers in einem homogenen kapillarporösen Stoff. Die Autoren gehen dabei von der Vorstellung aus, dass sich die Geometrie des Durchfeuchtungskörpers im Prüfobjekt wie folgt ausbildet. Im Bereich der kreisrunden Wasserkontaktfläche bildet sich das durchfeuchtete Volumen in der Form eines Zylinders. Lateral um diesen Zylinder fügt sich dabei die Geometrie eines Vierteltorus an (vgl. Abbildung 3.13). Mit Gleichung (3.20) verwenden sie ein Relationsverfahren als Lösungsansatz, wobei der Gesamtdurchfeuchtungskörper und der zylindrische Durchfeuchtungskörper im Verhältnis stehen. Als Eingangsgröße ist eine Abschätzung des Wassereindringkoeffizienten B $[\mathrm{m \cdot h^{-0,5}}]$ erforderlich. Gleichung (3.20) beschreibt das durchfeuchtete Volumen einer kreisrunden Benetzungsfläche durch:

$$V_{Karsten} = V_{1D} * \frac{\overbrace{R^2 \cdot \pi \cdot B \cdot t^{0,5}}^{C} + \overbrace{0,5 \cdot R \cdot \pi^2 \cdot B^2 \cdot t + 0,25 \cdot \pi^2 \cdot B^3 \cdot t^{1,5}}^{T}}{\underbrace{R^2 \cdot \pi \cdot B \cdot t^{0,5}}_{C}}, \tag{3.20}$$

wobei R $[\mathrm{m}]$ der Radius der Wasserkontaktfläche, C $[\mathrm{m^3}]$ das durchfeuchtete Volumen im Bereich des Zylinders und T $[\mathrm{m^3}]$ im Bereich des Vierteltorus beschreibt (vgl. Abbildung 3.13). Durch das Einsetzen von Gleichung (3.12) ergibt sich Gleichung (3.20) nach Umstellen in allgemeiner Form zu:

$$m_{Karsten} = A_w \cdot t^{0,5} + \frac{A_w{}^2 \cdot t \cdot \pi}{\theta_{cap} \cdot \rho_w \cdot 2 \cdot R} + \frac{A_w{}^3 \cdot t^{1,5} \cdot \pi}{\theta_{cap}{}^2 \cdot \rho_w{}^2 \cdot 4 \cdot R^2} \quad [\mathrm{kg \cdot m^{-2}}]. \tag{3.21}$$

Für die Beschreibung von Messdaten des Prüfröhrchen nach Karsten wählt Niemeyer [2013] den Ansatz von Wendler and Snethlage [1989]. Davon abweichend wählt er den kapillaren Wassergehalt θ_{cap} als Eingangsgröße. Für die Abschätzung des Wasseraufnahmekoeffizienten nutzt Niemeyer [2013] eine halbgraphische Lösung. Umgestellt in die allgemeine Form ergibt sich die Gleichung nach Niemeyer [2013] zu:

$$m_{Karsten} = A_w \cdot t^{0,5} + \frac{A_w{}^2 \cdot t \cdot \pi}{\theta_{cap} \cdot \rho_w \cdot 2 \cdot R} + \frac{A_w{}^3 \cdot t^{1,5} \cdot 2}{\theta_{cap}{}^2 \cdot \rho_w{}^2 \cdot 3 \cdot R^2} \quad [\mathrm{kg \cdot m^{-2}}]. \tag{3.22}$$

Smettem et al. [1994] untersuchten dreidimensionale Wasserausbreitungseffekte von kreisrunden Infiltrometern für die Bestimmung von Infiltrationsraten von Wasser in den Boden. Wendler and Snethlage [1989] und Niemeyer [2013] entwickelten ihre Lösungen aus Annahmen zur Geometrie des entstehenden Durchfeuchtungskörpers. Im Gegensatz dazu leiteten Smettem et al. [1994] die Feuchteausbreitung auf Grundlage der Leitfähigkeit des Stoffes ab. Dabei entwickelten sie eine allgemeine Gleichung für die Beschreibung der eindringenden Wassermenge. Übertragen auf die Schreibweise des Wasseraufnahmekoeffizienten ergibt diese:

$$m = A_w \cdot t^{0,5} + \frac{A_w{}^2 \cdot t \cdot \gamma}{\theta_{cap} \cdot \rho_w \cdot R} \quad [\mathrm{kg \cdot m^{-2}}]. \tag{3.23}$$

In ihrer Herleitung bestimmten Smettem et al. [1994] für den dimensionslosen Faktor γ ursprünglich einen Wert von $\gamma = \sqrt{0,3}$. Basierend auf Messergebnissen in Haverkamp et al.

[1994] wurde später ein Bereich von $0,6 < \gamma < 0,8$ definiert.

3.5.10 Effekte aus hygrothermischen Randbedingungen

Bei der In-situ-Prüfung des Wasseraufnahmekoeffizienten weichen die Randbedingungen gegenüber den Laborbedingungen zum Teil erheblich ab. So beeinflussen bei einer In-situ-Prüfung die Außenlufttemperatur und solare Strahlung die Temperatur des Wassers. Mit der Temperatur des Wassers ändern sich dessen Eigenschaften, wobei auch der Flüssigwassertransport in kapillarporösen Stoffen beeinflusst wird (vgl. Abschnitt 3.3.2). Hingegen kann unter Laborbedingungen von konstanten Temperaturverhältnissen ausgegangen werden. Ebenso können bei einer Prüfung des Wasseraufnahmekoeffizienten an einer Fassade die Anfangsfeuchtegehalte der Fassadenbaustoffe erhöht sein, beispielsweise infolge aufsteigender Feuchte, hygroskopischer Salze oder kürzlich vergangenen Schlagregenereignissen. Auf den Flüssigwassertransport in kapillarporösen Stoffen wirken erhöhte Feuchtegehalte mit einer Verlangsamung der Transportgeschwindigkeit (vgl. Abschnitt 3.3.2). Hingegen werden Feuchtegehalte von Materialproben bei der Prüfung des Wasseraufnahmekoeffizienten im Laborexperiment auf einen definierten Feuchtegehalt vorkonditioniert.

3.5.11 Verfahrensbedingte Einflüsse auf In-situ-Prüfungen

Die in den Abschnitten 3.5.1 bis 3.5.8 vorgestellten In-situ-Verfahren unterscheiden sich zum Teil deutlich in ihrem Messaufbau, ihrer Handhabung, der Zielstellung oder der Messgenauigkeit. Diese Unterschiede wirken sich entsprechend auch auf das Ergebnis aus. So untersuchten Haindl et al. [2016] die Handhabung und Genauigkeit der Wassereindringprüfer nach Karsten [1960], Franke et al. [1987] und Pleyers [1999] an Putzen (Abschnitte 3.5.1 bis 3.5.3). Die Messergebnisse dieser Verfahren wurden mit Auswertungsmethoden nach Wendler und Niemeyer (vgl. Abschnitt 3.5.9) sowie mit Ergebnissen nach DIN EN ISO 15148 (Abschnitt 3.4.1) gegenübergestellt. Die Ergebnisse zeigten z. T. erhebliche Differenzen zwischen Ergebnissen der In-situ-Verfahtren und den im Labor bestimmten Wasseraufnahmekoeffizienten. Für die Bestimmung des Wasseraufnahmekoeffizienten konnte ausschließlich für das Laborverfahren eine Empfehlung ausgesprochen werden. In Knöfel et al. [1995] wurden Mörtelscheiben mit dem Wassereindringprüfer nach Karsten [1960] im Labor untersucht. Der Autor schreibt die ermittelte Prüfstreuung der Ergebnisse von $\pm 25\%$ der Varianz der durch den Dichtungskitt begrenzten Prüffläche zu. Haindl et al. [2016] untersuchten das Kriechen des Dichtungskittes der Wassereindringprüfer nach Karsten [1960],

Franke et al. [1987] und Pleyers [1999]. Es zeigt sich, dass sich die angekitteten Prüfgeräte bei höheren Temperaturen von der Prüffläche weg bewegen können. Die Folge ist ein deutliches Absinken des Wasserstandes in den Röhrchen, was zu einer Überschätzung des Wasseraufnahmeverhaltens führt. Die Autoren empfehlen eine möglichst dünne Kittwulst bei den Verfahren einzusetzen. Deutliche Unterschiede zeigen sich auch in der Art und Höhe der Druckbeanspruchung. Während auf der einen Seite das Referenzverfahren zur Untersuchung des Wasseraufnahmekoefizienten nach DIN EN ISO 15148 [2016] auf eine Druckbeanspruchung verzichtet, wird bei den In-situ-Verfahren in den meisten Fällen ein Prüfdruck appliziert. Teilweise verfahrensbedingt soll diese zusätzliche Druckbeanspruchenung eine Windstaudruckwirkung simulieren. Mit bis zu $p_e = 1.000$ $[\mathrm{Pa}]$ wird bei einigen Verfahren mit einer unrealistisch hohen Druckbeanspruchung gearbeitet. Ferner unterscheiden sich die Verfahren in der Art der Feuchtebeanspruchung in einem vollflächigen Flüssigwasserkontakt, dem Kontakt mit einem feuchten Stoff oder dem Besprühen der Testfläche mit Wasser.

3.6 Zusammenfassung

Der Schlagregenschutz einer Fassadenkonstruktion definiert sich allgemein aus den hygrischen Materialeigenschaften der Fassadenbaustoffe. Insbesondere das Wasseraufnahmeverhalten der Fassadenoberfläche beeinflusst das Schutzniveau wesentlich. Am Beispiel der Innendämmung zeigt sich jedoch, dass der hygrische Nachweis von Konstruktionen die Berücksichtigung einer ganzen Reihe von Faktoren bedingt. Der feuchtetechnische Nachweis erfolgt in der Praxis daher häufig mithilfe von hygrothermischen Simulationsberechnungen. Die dabei für die Modellierung der Schlagregenbeanspruchung relevanten Flüssigwassertransportfunktionen können mithilfe gemessener Wasseraufnahmekoeffizienten A_w $[\mathrm{kg} \cdot \mathrm{m}^{-2} \cdot \mathrm{s}^{-0,5}]$ kalibriert werden. Deren Bestimmung ist an entnommenen Fassadenproben im Labor gut möglich. Die zerstörungsfreie In-situ-Messung des Wasseraufnahmekoeffizienten von Fassadenbaustoffen stellt jedoch eine Herausforderung dar. Vorhandene In-situ-Verfahren liefern zumeist nicht die erforderliche Genauigkeit. Ferner beeinflussen verschiedene Faktoren wie eine seitliche Feuchteverteilung, Temperatur, Startfeuchtegehalt oder Prüfdruck die Ergebnisse. Im Hinblick auf die Überprüfung des Schlagregenschutzes von historischen und denkmalgeschützten Fassaden stellt dies einen unbefriedigenden Zustand dar.

4 Verfahrensentwicklung

Das folgende Kapitel beschreibt die Vorgehensweise bei der Entwicklung eines In-situ-Messverfahrens. Dieses soll insbesondere der Untersuchung des Wasseraufnahmeverhaltens von Fassadenoberflächen aus kapillarporösen Stoffen dienen. Es steht dabei vor der Forschungsfrage, inwieweit die infolge Schlagregenbeanspruchung in die Fassadenkonstruktion eindringende Regenwassermenge eingeschätzt werden kann. Dies erfolgt durch die In-situ-Quantifizierung des Wasseraufnahmeverhaltens der Fassadenbaustoffe. Nach der Definition der Anforderungen an das Verfahren werden die prinzipielle Funktionsweise und der Prototyp des entwickelten Wasseraufnahmemessgeräts (kurz: WAM) präsentiert und erläutert. Es folgt eine Interpretation der Messdaten und eine Zusammenfassung.

4.1 Anforderungen an das Messverfahren

Das zu entwickelnde Verfahren steht im Kontext der Untersuchung des Schlagregenschutzes von Fassaden. Ausgehend von den physikalischen Grundlagen, der Beschaffenheit von Fassadenoberflächen, den Eigenschaften der Fassadenbaustoffe und der natürlichen Schlagregenbeanspruchung von Fassaden wird im folgenden Abschnitt ein Beanspruchungsprofil entwickelt. Dieses Beanspruchungsprofil legt die Grundlagen für das anschließend entwickelte In-situ-Messverfahren. Dieser Abschnitt beschreibt dabei die für die Verfahrensentwicklung relevanten Elemente wie die Repräsentativität der Beanspruchung, die notwendige Prüffläche, die erforderliche Präzision und Richtigkeit der Messergebnisse, den Zerstörungsgrad sowie die erforderliche Handhabbarkeit beim In-situ-Einsatz.

4.1.1 Repräsentativität der Prüfbeanspruchung

In der Physik des Schlagregens treffen Wassertropfen unter Windeinwirkung auf die Fassadenoberfläche auf. Der Flüssigwassertransport in die Konstruktion resultiert dabei aus dem kapillaren Saugen der Fassadenbaustoffe, dem Saugen von kapillarwirksamen Rissen im Bereich der Fassadenoberfläche und aus der gleichzeitig auftretenden Windstaudruckwirkung auf die Fassade. Bei den verschiedenen Labor- und In-situ-Verfahren wirken je verschiedene Randbedingungen als Beanspruchung auf die Prüfkörper. Diese unterscheiden sich in der Art der Befeuchtung, dem dabei aufgewendeten Prüfdruck sowie der verwendeten Saugrichtung.

Randbedingung Wasserkontakt

In der primären Beanspruchung durch eine vollständige Benetzung der Prüffläche stimmen die Labormethode nach DIN EN ISO 15148 [2016] und die unter Punkt 3.5 genannten, gängigen In-situ-Verfahren in den meisten Fällen überein. Lediglich die In-situ-Methoden des Mirowski Röhrchens (Mirowski [1979]) und die Contact Sponge Method (Tiano and Pardini [2004]) arbeiten mit einem feuchten Schwamm als Kontaktbedingung. Für eine realitätsnahe Untersuchung des Wasseraufnahmeverhaltens scheint jedoch die direkte Befeuchtung einer Prüffläche sinnvoll. Denn auch bei realen Schlagregenereignissen wird die Fassadenoberfläche direkt mit flüssigem Wasser benetzt. Das zu entwickelnde Verfahren sollte daher einen definierten Fassadenausschnitt möglichst vollständig und möglichst direkt mit flüssigem Wasser benetzen.

Randbedingung Äußerer Druck

Für die Berechnung der Flüssigwasseraufnahme von Fassaden infolge Schlagregen werden Einflüsse der Windstaudruckwirkung auf den Feuchtetransport in der Regel vernachlässigt. Als Referenzexperiment gilt das kapillare Saugen nach DIN EN ISO 15148 [2016]. Dabei wird die Wasseraufnahme von Proben entgegen der Schwerkraftrichtung ohne zusätzliche Druckeinwirkung bestimmt. Im Gegensatz dazu werden bei den verschiedenen In-situ-Verfahren stets Prüfdrücke realisiert. Diese begründen sich teilweise wiederum in der Berücksichtigung von Windstaudruckeinwirkungen (vgl. Franke et al. [1987], Knöfel et al. [1995] und Haindl et al. [2016]). Dabei übersteigen die angesetzten Prüfdrücke von 500 bis $1000\,[\mathrm{Pa}]$ die tatsächlich bei Schlagregenereignissen durchschnittlich auftretenden Windstaudrücke von 50 bis $100\,[\mathrm{Pa}]$ um bis zu das Zehnfache (vgl. Brüning [1989], Perez-Bella et al. [2013] oder Haindl et al. [2016]). Als Randbedingung für das zu entwickelnde In-situ-Verfahren sollte entsprechend ein optionaler bzw. variabler Prüfdruck analog der Methode nach ASTM C 1601 [2014] angestrebt werden. Damit ließen sich drucklose Prüfungen in

Anlehnung an die DIN EN ISO 15148 [2016] sowie Prüfungen unter Simulation von Windstaudruckeinwirkungen realisieren und vergleichen.

Schwerkraftwirkung

Beim klassischen Wasseraufnahmeexperiment im Labor ist die kapillare Saugrichtung entgegen der Schwerkraft gerichtet (DIN EN ISO 15148 [2016]). Dagegen dringt Wasser bei der In-situ-Messung oder bei Schlagregenereignissen primär in waagerechter Richtung – also orthogonal zur Schwerkraftrichtung – in die Fassade ein. Aufgrund dieser verschiedenen Saugrichtungen besteht ein Unterschied zwischen dem Wasseraufnahmeexperiment im Labor und an der Fassade. Nach Lutz et al. [1994], Zacharias et al. [1990] und Franke and Bentrup [1991a] können bereits geringe Druckdifferenzen – wie sie beim Saugen entgegen der Schwerkraft auftreten – den Kapillartransport beeinflussen. Im Vergleich mit der In-situ-Messung wird somit die Sauggeschwindigkeit während des Wasseraufnahmeexperimentes im Labor durch die Schwerkraftwirkung abgebremst. Jedoch beschränkt sich dieser Effekt auf kapillaraktive Risse ab einer Breite von $b \geq 10^{-4}$ $[\mathrm{m}]$ sowie grobporige Baustoffe wie Porenbeton oder besonders poröser Ziegel (vgl. Lutz et al. [1994]). Dabei vergrößert sich der Schwerkrafteffekt mit steigender Saughöhe (vgl. Häupl et al. [1993]) und mit steigendem A_w (vgl. Zacharias et al. [1990]). Janssen et al. [2015] untersuchten das Wasseraufnahmeverhalten von Porenbeton entgegen und in Schwerkraftrichtung. Selbst für den vergleichsweise porösen Baustoff Porenbeton konnten die Autoren keinen signifikant messbaren Unterschied zwischen den beiden Varianten bestimmen. Für die Untersuchung der Kapillarität als Kriterium zur Bewertung der Qualität des Schlagregenschutzes mit allgemein niedrigen Wasseraufnahmekoeffizienten und geringen Eindringtiefen kann die Schwerkraftwirkung entsprechend vernachlässigt werden. Für das Labor- und das In-situ-Experiment können Schwerkrafteinflüsse demnach für die Untersuchung des Schlagregenschutzes bei geringen Eindringtiefen bzw. kurzen Saugzeiten ebenso vernachlässigt werden.

4.1.2 Dreidimensionales Saugen und Repräsentativität der Prüffläche

Während beim Laborversuch nach DIN EN ISO 15148 [2016] die Saugrichtung weitgehend orthogonal zur benetzten Fläche gerichtet ist, tritt bei der In-situ-Messung des Wasseraufnahmeverhaltens im Bereich der Ränder der benetzten Prüffläche stets ein dreidimensionales Saugen auf. Dieses seitliche Saugen wird bei der In-situ-Messung des Wasseraufnahmeverhaltens als allgemeiner Fehler der verschiedenen Prüfverfahren betrachtet (vgl.

Hendrickx [2013], Auras [2011] und Wendler and Snethlage [1989]). Ferner werden bei der Laborprüfung primär die Materialeigenschaften der einzelnen Fassadenbaustoffe bestimmt. Hingegen erfolgt die Untersuchung bei der In-situ-Messung i. d. R. im Verbund verschiedener Baustoffe. Hinzu kommen Effekte aus stofflichen, strukturellen oder konstruktiven Inhomogenitäten im Bereich der Fassadenoberfläche. So können bei verputzten Fassaden teilweise lokale Unterschiede in den Schichtdicken oder den Materialeigenschaften der einzelnen Putz- und Farbbeschichtungen vorhanden sein. Auch bei historischem Sichtmauerwerk zeigen sich Unterschiede in den Eigenschaften alter Klinker, Sinterschichten und Brandrisse in den Klinkern oder Flankenabrisse zwischen Klinkern und Mörtelfugen. Ferner stellen Materialübergänge, wie der von Klinker zu Mörtelfuge, ebenfalls eine lokale Inhomogenität dar. Abbildung 4.1 zeigt skizzenhaft eine Auswahl an verschiedenen Varianten von möglichen Durchfeuchtungskörpern am Beispiel des Prüfröhrchen nach Karsten [1960] (vgl. Abschnitt 3.5.1). Die Skizzen zeigen die Überlagerung aus Effekten des dreidimensionalen Saugens und Effekten aus lokalen Inhomogenitäten. Bezogen auf die Prüffläche kann bei den dargestellten Durchfeuchtungskörpern nur bedingt auf die Wasseraufnahmekoeffizienten der Baustoffe geschlussfolgert werden. Abbildung 4.1 ⓐ zeigt die fortschreitende Feuchtefront im Bereich eines lokalen Flankenabrisses an Sichtmauerwerk. Über einen kapillar wirksamen Riss zwischen Mauerklinker und Verfugung dringt die Feuchtefront bis zum Hintermauermörtel. Dieser transportiert das Wasser nun kapillar bis weit ins Innere der Konstruktion. Die in Smettem et al. [1994] hergeleitete Gleichung (4.1) beschreibt das dreidimensionale kapillare Saugen einer kreisrunden Fläche eines unendlich großen Prüfkörpers. Die Gleichung bildet vereinfacht den Durchfeuchtungskörper in einem homogenen Baustoff ab. Damit beschreibt sie beispielsweise die Messdaten des Prüfröhrchen nach Karsten [1960]. Die Gleichung besteht aus zwei Termen. Im ersten wird der eindimensionale Transport beschrieben. Der zweite Term drückt den Effekt der seitlichen Verteilung aus. Demnach sinkt der seitliche Anteil im zweiten Term linear mit steigendem Radius der Wasserkontaktfläche R und quadratisch mit sinkendem Wasseraufnahmekoeffizienten des Baustoffes A_w.

$$m_{3D} = A_w \cdot t^{0,5} + \frac{{A_w}^2 \cdot t \cdot \gamma}{\theta_{cap} \cdot \rho_w \cdot R} \qquad [\mathrm{kg} \cdot \mathrm{m}^{-2}] \tag{4.1}$$

Für die Entwicklungsarbeit einer In-situ-Prüfvorrichtung würde sich demnach eine vergleichsweise große Prüffläche positiv auf eine möglichst repräsentative Untersuchung des Wasseraufnahmeverhaltens einer Fassade auswirken. Denn zum Ersten würden lokale Inhomogenitäten wie Haarrisse oder Fehlstellen bei einer größeren Prüffläche, bezogen auf die gesamte Fassadenfläche, deutlich repräsentativer berücksichtigt. Zum Zweiten würde eine größere Prüffläche zu einer Verringerung von seitlichen Wasserverteilungseffekten führen.

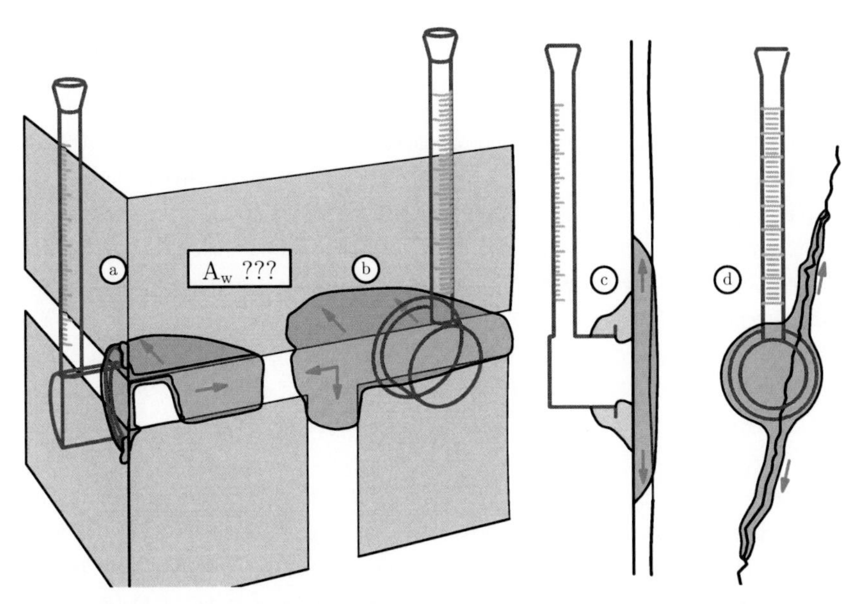

Abbildung 4.1: Skizze mit verschiedenen Durchfeuchtungskörpern im Baustoff bei der In-situ-Prüfung von lokalen Inhomogenitäten mit ⓐ: Tiefenprofil bei Flankenabriss an Sichtmauerwerk zwischen Klinker und Verfugung, ⓑ: Verschiedenes Wasseraufnahmeverhalten zwischen Klinker und Mörtel, ⓒ: Verschiedenes Wasseraufnahmeverhalten zwischen Ober- und Unterputz sowie ⓓ: Ansicht bei der Prüfung über einen Riss im Baustoff

Eine primär eindimensionale Feuchteausbreitung normal zur Fassadenoberfläche würde der Charakteristik einer großflächigen Benetzung der Fassade bei einem Schlagregenereignis besser gerecht. Ferner gibt eine direkte und großflächigere Benetzung der Fassadenoberfläche gleichzeitig die reale Beanspruchung durch Schlagregen realistisch wieder. Dies steht auch im Gegensatz zu im Labor bestimmten Wasseraufnahmekoeffizienten an kleinen Proben der Fassadenbaustoffe. Für die Untersuchung von Sichtmauerwerk würde diese Vorgehensweise eine integrale Beanspruchung von gleichzeitig mehreren Stein- und Fugenschichten analog der Methode nach ASTM C 1601 [2014] bedeuten. Eine separate Bewertung der Materialeigenschaften der verschiedenen Fassadenbaustoffe wäre damit jedoch nicht möglich. Für das Anforderungsprofil resultiert daraus eine möglichst große Benetzungsfläche.

4.1.3 Genauigkeit und Reproduzierbarkeit

Von entscheidender Bedeutung für die Verwertung der Messergebnisse des zu entwickelnden Messverfahrens ist die sichere Vergleichbarkeit mit dem Laborverfahren nach DIN EN ISO 15148 [2016]. Es sollte angestrebt werden, dass aus den Messdaten der Wasseraufnahmekoeffizient $A_{w,WAM}$ mit der SI-Einheit $[\mathrm{kg} \cdot \mathrm{m}^{-2} \cdot \mathrm{s}^{-0,5}]$ gebildet und mit dem im Laborexperiment bestimmten A_w $[\mathrm{kg} \cdot \mathrm{m}^{-2} \cdot \mathrm{s}^{-0,5}]$ verglichen werden kann. Die erforderliche Prüfgenauigkeit ergibt sich aus der untersten Nachweisgrenze an den Wasseraufnahmekoeffizienten. Für den Nachweis des Schlagregenschutzes schlägt das WTA Merkblatt 6-5 [2014] dafür Materialwerte der Baustoffe der Fassadenoberfläche vor. Bei deren Einhaltung – so das Merkblatt – ist in der Regel ein ausreichender Schlagregenschutz sichergestellt. Demnach wäre ab einem Wasseraufnahmekoeffizienten der Fassadenoberfläche von $A_w \leq 3,33 \cdot 10^{-3}$ $[\mathrm{kg} \cdot \mathrm{m}^{-2} \cdot \mathrm{s}^{-0,5}]$ der Schlagregenschutz in der Regel sichergestellt. Dies stellt damit die unterste allgemeine Grenze für den Nachweis des Schlagregenschutzes bei Innendämmung dar. Auch beschreibt das Merkblatt einen feuchtetechnischen Nachweis einer innen gedämmten Außenwand mittels hygrothermischer Simulationsberechnung. Neben der Eingabe von lokalen Klimadaten ist hier ebenfalls die Kenntnis der Materialeigenschaften der Fassadenbaustoffe erforderlich. Das neu zu entwickelnde In-situ-Prüfverfahren sollte entsprechend in der Lage sein, die unterste Nachweisgrenze eines Wasseraufnahmekoeffizienten von $A_w \leq 3,33 \cdot 10^{-3}$ $[\mathrm{kg} \cdot \mathrm{m}^{-2} \cdot \mathrm{s}^{-0,5}]$ mit einer angemessenen Anzahl an Einzelprüfungen sicher zu bestimmen.

4.1.4 Zerstörungsgrad

Im Kontext der Ertüchtigung des Schlagregenschutzes historischer und denkmalgeschützter Fassaden stellt sich die Frage nach dem Zerstörungsgrad von dafür erforderlichen Untersuchungsmethoden. Die gängigen In-situ-Prüfverfahren arbeiten im Bereich der benetzten Prüffläche stets zerstörungsfrei. Lediglich beim Verfahren nach ASTM C 1601 [2014] ist eine mechanische Verankerung in der Fassade erforderlich. Die dabei entstehenden Dübellöcher können nach einer Prüfung mithilfe von Mörtel oder Steinergänzungsstoffen wieder verschlossen werden. Eine Reihe von In-situ-Prüfverfahren verwenden dauerelastische Kitte zur Abdichtung der Prüfgeräte an der Fassade. Diese meist ölhaltigen Kitte hinterlassen zum Teil einen leicht schimmernden Film im Bereich der Dichtung an der Fassade. Diese Ölfilme verschwinden zum Teil nach einigen Wochen wieder oder können mithilfe von starken Tensiden oder Lösemitteln nachträglich entfernt werden. Im Bezug auf die Entwicklung eines

In-situ-Prüfverfahren sollte, im Sinne der Untersuchung historischer und denkmalgeschützter Fassaden, eine zerstörungsfreie oder zumindest eine zerstörungsarme Vorgehensweise forciert werden.

4.1.5 Handhabbarkeit

Die Handhabbarkeit beschreibt das Maß, in dem eine Prüfmethode durch den Prüfer angewendet werden kann. Dabei ist es von Bedeutung, ein bestimmtes Ziel möglichst effizient und zufriedenstellend zu erfüllen. Das Ziel beschreibt im vorliegenden Fall die Richtigkeit, Präzision und Genauigkeit des Verfahrens im Bezug auf das zu messende Merkmal (Taffe [2008]). Eine effiziente Handhabbarkeit erfüllt dieses Ziel mit einem möglichst geringen Einsatz von Ressourcen wie Zeit und Geld. Weitere Aspekte wie Lagerung, Automatisierungsgrad, Robustheit oder Baustellentauglichkeit spielen ebenfalls eine Rolle. Für die in dieser Arbeit angestrebte Entwicklung einer In-situ-Methode zur Untersuchung des Wasseraufnahmeverhaltens von Fassaden sollte entsprechend ein Gleichgewicht aus den Anforderungen an die Messaufgabe und dem Ressourceneinsatz angestrebt werden.

4.2 Entwurf eines Messkonzeptes

Unter Berücksichtigung der unter Punkt 4.1 definierten Anforderungen wird folgend ein neues Messkonzept zur Untersuchung des Wasseraufnahmeverhaltens vorgestellt. Dieses beruht in weiten Teilen auf dem nach ASTM C 1601 [2014] normierten Verfahren (vgl. Abschnitt 3.5.4). Die wesentlichen Unterschiede bestehen in einer modifizierten Wasserführung mit integriertem Wasserspeicher und einer abweichenden Messwertaufnahme. Abbildung 4.2 zeigt das entwickelte Messkonzept skizzenhaft. Mit einer Pumpe wird ein definierter Fassadenbereich künstlich mit Wasser beregnet. Die Messkammer (vgl. Abbildung 4.2 ⓒ) ist zur Fassadenoberfläche gewendeten Seite entsprechend geöffnet. Diese Öffnung definiert gleichzeitig die Benetzungs- bzw. Beanspruchungsfläche und ist an ihren Rändern wasser- und luftdicht an die Fassadenoberfläche angeschlossen. Durch die künstliche Beregnung der Fassadenoberfläche in der Messkammer entsteht ein geschlossener Wasserfilm. Ein Teil des Wassers wird nun von den Fassadenbaustoffen aufgesaugt, der Rest fließt zurück in einen Kreislauf. In diesem Kreislauf ist ein Wassertank zwischengeschaltet. An dieser Stelle unterscheidet sich das Messkonzept von dem Verfahren nach ASTM C 1601 [2014]: Während bei dem Verfahren nach ASTM C 1601 [2014] der Wasserbehälter extern von der Beregnungseinheit angeordnet ist, wird der Wassertank bei dem hier vorgestellten Messkonzept in die Beregnungseinheit integriert. Die Messwertaufzeichnung erfolgt hier gravimetrisch über eine Waage. Als Teil des oben beschriebenen Kreislaufes, wird durch das kontinuierliche Wiegen des Wassertanks auf Veränderungen im Wasserkreislauf geschlossen. Hingegen erfolgt die Messwertaufzeichnung bei dem Verfahren nach ASTM C 1601 [2014] durch volumetrisches Ablesen des Wasserstandes im Wasserbehälter. Eine Windstaudruckwirkung wird durch ein Gebläse simuliert (vgl. Abbildung 4.2 ⓑ). Das Gebläse erzeugt dabei einen konstanten Luftüberdruck in der Messkammer. Dieser beeinflusst zusätzlich den Wasserstand im Wassertank und dadurch direkt auch die Messwertaufzeichnung (vgl. Wasserspiegelhöhe in Abbildung 4.2 unten). Ein Differenzdrucksensor (vgl. Abbildung 4.2 ⓓ) steuert den Überdruck in der Messkammer. Gleichzeitig geben die Messdaten des Sensors Informationen, inwieweit der Überdruck das Messsignal der Waage beeinflusst.

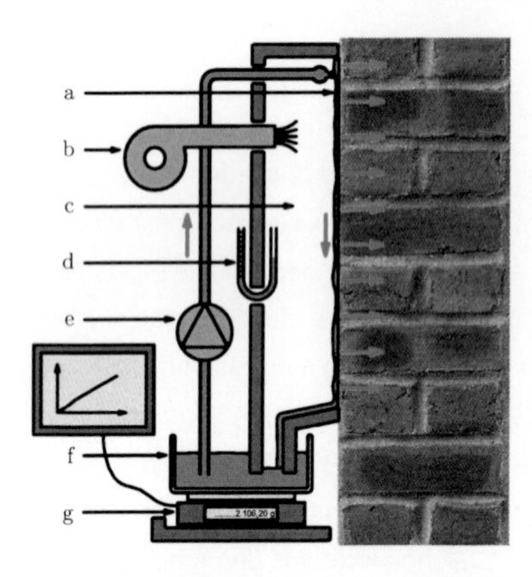

Abbildung 4.2: Skizze des entwickelten Messkonzeptes mit ⓐ: benetzter Fassadenfläche, ⓑ: Ventilator, ⓒ: Messkammer, ⓓ: Differenzdrucksensor, ⓔ: Pumpe, ⓕ: Wassertank und ⓖ: Waage mit Datenanschluss

4.3 Technische Realisierung

Das unter Punkt 4.2 entworfene Messkonzept wurde nun als Messsystem technisch realisiert. Der entwickelte Prototyp, folgend als Wasseraufnahmemessgerät (kurz: WAM) bezeichnet, ist in Abbildung 4.3 ⓐ bis ⓖ zu sehen. Die Apparatur besteht aus einer Beregnungseinheit (vgl. Abbildung 4.3 ⓑ und ⓔ) und einer Versorgungseinheit (vgl. Abbildung 4.3 ⓕ). Die Beregnungseinheit besteht aus Sperrholzplatten, die durch mehrmaliges Lackieren mit Bootslack wasserdicht ausgerüstet sind. Die Befestigung an der Fassade erfolgt über einen Haken (vgl. Abbildung 4.3 ⓐ). Die Frontseite der Beregnungseinheit in Abbildung 4.3 ⓑ zeigt ein Sichtfenster zur Beobachtung der benetzten Fassadenfläche während der Beregnung. Im rechten Teil angebracht sind eine Wasserpumpe und dazu ein Betriebsschalter. Im unteren Bereich befindet sich der Wassertank auf einer Waage mit Datenanschluss. Eine Kunststoffabdeckung schirmt die Waage vor Witterungseinflüssen wie Regen

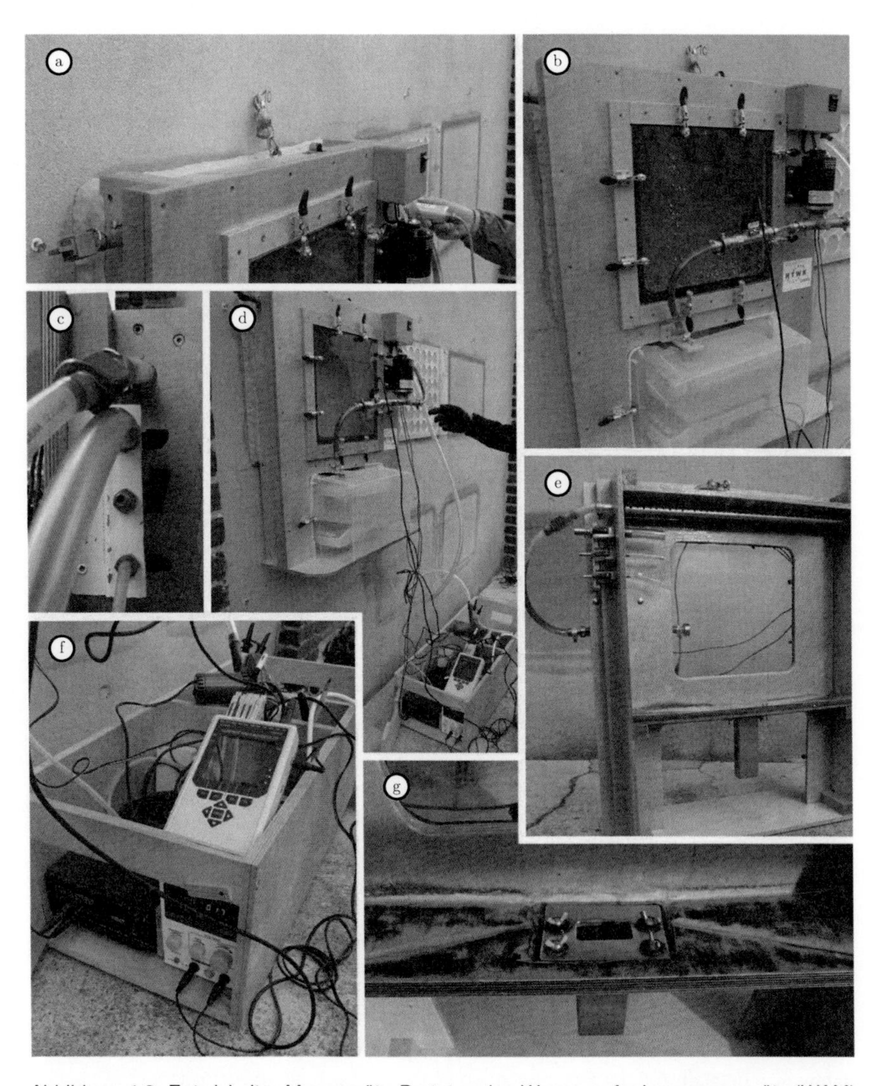

Abbildung 4.3: Entwickelter Messgeräte-Prototyp des Wasseraufnahmemessgeräts (WAM) mit ⓐ Aufhängung mit einem Haken an der Wand, ⓑ: Übersicht der Beregnungseinheit, ⓒ: Wasser- und Druckluftanschlüsse, ⓓ: Übersicht des Versuchsaufbaus, ⓔ: Rückseitige Ansicht der Beregnungseinheit, ⓕ: Versorgungseinheit mit Ventilator (blau), Datenlogger und zwei Regelnetzteilen sowie ⓖ: Bodeneinlauf der Beregnungseinheit

oder Wind ab. Ein vom Wassertank zur Pumpe führender Wasserschlauch ist zusätzlich mit einem Strömungs- und Wassertemperatursensor ausgestattet. Abbildung 4.3 ⓔ zeigt die rückseitige Ansicht der Beregnungseinheit. Der obere Abschnitt entspricht der in Abbildung 4.2 ⓒ dargestellten Messkammer. Entlang dieses Rahmens wird die Beregnungseinheit mittels dauerelastischem Dichtungskitt wasserdicht an die Fassade angeschlossen. Die Öffnung des Rahmens entspricht in etwa der Beanspruchungsfläche mit einer Breite von $b = 51\,[\mathrm{cm}]$ und eine Höhe von $h = 40\,[\mathrm{cm}]$. Je nach Ausführung der Kittdichtung kann die tatsächliche Prüffläche davon abweichen. Rechnerisch ergibt sich daraus eine benetzte Fläche von $A = 0,204\,[\mathrm{m}^2]$. Im oberen Teil der Messkammer ist ein perforiertes Rohr aus Edelstahl angebracht. Dieses sorgt für eine künstliche Beregnung der Fassadenfläche. Am linken Rand in Abbildung 4.3 ⓒ bzw. ⓔ sind die verschiedenen Anschlussdurchführungen für die Beregnung, Druckluft, Entlüftung und der Anschluss für den Differenzdrucksensor zu sehen (von oben nach unten). Abbildung 4.3 ⓖ zeigt den Boden der Messkammer mit einem Edelstahlablauf und einem daran angeschlossenem Quadratrohrquerschnitt. Das Quadratrohr taucht dabei möglichst tief in den darunter befindlichen Wassertank ein, ohne dessen Wandung zu berühren. Der Wassertank steht dabei berührungslos auf der Waage. Ein erforderlicher Mindestwasserstand im Wasserbehälter sorgt für die Gewährleistung der Luftdichtheit in diesem Bereich. Abbildung 4.3 ⓕ zeigt die Versorgungseinheit des Wasseraufnahmemessgeräts (WAM). Darin enthalten sind zwei Regelnetzteile für den Betrieb der Wasserpumpe und des Ventilators. Weiterhin ist der Ventilator selbst, ein Datenlogger sowie verschiedene daran angeschlossene Sensoren darin enthalten. Der Ventilator und der Diffenenzdrucksensor sind je über einen Kunststoffschlauch von der Versorgungseinheit mit der Beregnungseinheit verbunden (vgl. Abbildung 4.3 ⓒ, ⓓ und ⓕ).

Für die Durchführung einer Prüfung wird die Apparatur über einen Haken an der Fassade befestigt. Der Rahmen der Messkammer wird mittels dauerelastischem Dichtungskitt wasserdicht an die Fassade angeschlossen. Durch Starten der Pumpe wird Wasser aus dem Wassertank angesaugt. Über das durch einen Schlauch mit der Wasserpumpe verbundene, perforierte Rohr im Inneren der Messkammer erfolgt die künstliche Beregnung der Fassadenoberfläche. Dabei wird das Wasser auf den durch den Dichtungskitt separierten Fassadenbereich geleitet. Auf der Fassadenoberfläche bildet sich ein geschlossener Wasserfilm. Mit einer Fördermenge von ca. $10\,[\mathrm{l} \cdot \mathrm{min}^{-1}]$ Wasser bildet sich ein knapp $1\,[\mathrm{mm}]$ dicker, permanenter Wasserfilm auf der benetzten Fassadenoberfläche. Die Beanspruchung der Prüffläche mit Flüssigwasser beläuft sich während einer Prüfung auf durchschnittlich $0,8$ $[\mathrm{kg} \cdot \mathrm{m}^{-2} \cdot \mathrm{s}^{-1}]$. Der Benetzungsvorgang im oberen Bereich der Prüffläche verläuft dabei weitgehend drucklos. Das überschüssige Wasser läuft schließlich über eine Öffnung im Boden der Messkammer in den Wassertank zurück. Die Waage zeichnet dabei kontinuierlich das Gewicht des Wassertanks auf und der Datenlogger speichert diese Messwerte im Sekundentakt. Für die anschließende Applikation eines Prüfdruckes in der Messkammer ist zunächst die Luftdichtheit der Messkammer herzustellen. Dafür wird, wie in Abbildung 4.3 ⓒ zu sehen, der mittlere Sperrhahn als Druckausgleichsöffnung geschlossen. Durch Aktivieren des Ventilators wird ein Überdruck in der Messkammer erzeugt. Dieser wird durch den Differenzdrucksensor bestimmt und gesteuert. In einem definierten Zeitraum wird der von dem Wasseraufnahmemessgerät eingeschlossene Fassadenbereich nun gleichzeitig mit flüssigem Wasser und einer konstanten Staudruckwirkung beansprucht. Nach Ablauf der Prüfdauer wird der Ventilator abgeschaltet und das Entlüftungsventil für einen Druckausgleich wieder geöffnet (vgl. Abbildung 4.3 ⓒ). Anschließend wird die Förderrichtung der Wasserpumpe geändert. Dadurch wird das Leitungssystem des Wasseraufnahmemessgeräts wieder zurück in den Wassertank gepumpt. Anschließend erfolgt die Abschaltung der Wasserpumpe und die Datenaufzeichnung wird beendet. Die Dauer eines Benetzungsvorganges kann unabhängig vom entwickelten Messsystem gewählt werden. Untersuchungen in Stelzmann et al. [2013] zeigen gute Übereinstimmungen zwischen Messdaten über $24\ [\mathrm{h}]$ an Porenbeton mittels WAM und nach DIN EN ISO 15148 [2016]. Während diese Untersuchungen unter stationären Randbedingungen im Labor durchgeführt, zeigen sich bei klassischen In-situ-Prüfungen z. T. davon abweichende Ergebnisse. Der Anteil des Wasserstroms der in das Prüfobjekt eindringt, sinkt mit Fortschreiten der Versuchszeit (Wurzel-Zeit-Gesetz). Hingegen bleiben Verluste aus dem Messsystem über die Versuchszeit – in Abhängigkeit von Temperatur, relativer Luftfeuchte oder Windgeschwindigkeit – weitgehend konstant. Entsprechend steigt die Messunsicherheit infolge instationärer Randbedingungen mit zunehmender Prüfdauer. Der Informationszuwachs sinkt demnach mit steigender Versuchsdauer. Messdaten des Wassereindringprüfers nach Karsten [1960], der WD Prüfplatte nach Franke et al. [1987] und des WAM an Kalksandstein und Sichtmauerwerk (vgl. Stelzmann et al. [2016]) zeigen, dass der Mittelwert mehrerer Einzelprüfungen an verschiedenen Stellen die Materialeigenschaften deutlich differenzierter wiedergibt. Für die Erhöhung der Informationsdichte durch möglichst viele Wiederholungsprüfungen und einem vertretbaren Messaufwand wurde die Benetzungsdauer der WAM-Untersuchungen in dieser Arbeit auf $60\ [\mathrm{min}]$ begrenzt. Bereits Bomberg et al. [2005] empfehlen, das Wasseraufnahmeexperiment generell auf eine Stunde zu begrenzen.

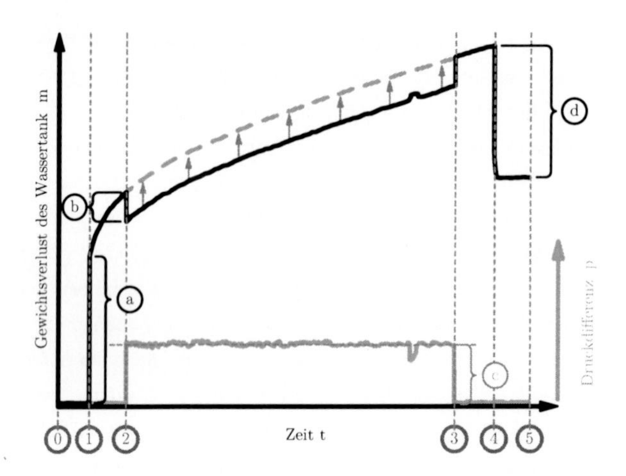

Abbildung 4.4: Prinzipieller Verlauf der gemessenen Rohdaten des Wasseraufnahmemessgeräts (WAM) über die Zeit, wobei der Gewichtsverlust des Wassertanks in schwarz und die Druckdifferenz zwischen Messkammer und Umgebung in grau dargestellt sind

4.4 Interpretation der Messdaten

Abbildung 4.4 skizziert den typischen Verlauf aufgezeichneter Rohdaten des Wasseraufnahmemessgeräts (WAM), aufgetragen über die Versuchszeit. Dabei sind dargestellt: der durch die Waage aufgezeichnete Gewichtsverlust des Wassertanks in schwarz auf der linken Achse und der mittels Differenzdrucksensor bestimmte Überdruck in der Messkammer in grau auf der rechten Achse. Über die verschiedenen Zeitpunkte ⓪ bis ⑤ erfolgt die Zu- bzw. Abschaltung verschiedener Komponenten des WAM, wobei die Darstellung der verschiedenen Zeitpunkte in Abbildung 4.4 nicht maßstäblich ist. Im Folgenden werden diese verschiedenen Zeitpunkte und Zeitabschnitte analog zu Abbildung 4.4 beschrieben und deren Einfluss auf das Messsignal interpretiert und erläutert. Zunächst erfolgt die Aktivierung der Messdatenerfassung zum Zeitpunkt ⓪. Ab diesem Zeitpunkt werden die Daten der Waage, der des Differenzdrucksensors sowie weitere angeschlossene Sensoren (Wassertemperatur, Durchflussgeschwindigkeit, Umgebungstemperatur und relative Luftfeuchtigkeit, etc.) im Sekundentakt abgefragt und gespeichert. Es folgt die Aktivierung der Wasserpumpe zum Zeitpunkt ①. Nun wird Wasser aus dem Wassertank angesaugt und auf den in der Messkammer separierten Fassadenbereich geleitet. Bereits nach 1 bis 5 $[\mathrm{sek}]$ sind die Leitungen des WAM mit Wasser gefüllt und es stellt sich ein weitgehend vorhandenes Gleichgewicht aus Zu- und Abfluss des Wassertanks ein. Die Fassadenbaustoffe saugen ab diesem Zeitpunkt Wasser auf. Damit beginnt auch die eigentliche Versuchszeit. Der sprunghafte Anstieg des Wassertank-Gewichtsverlustes ⓐ resultiert damit aus den Anteilen, die nun das Leitungssystem füllen, den Wasserfilm auf der Fassadenoberfläche bilden, den Messkammerinnenraum benetzen und die bereits in die Fassadenoberfläche eingedrungen sind. Aufgrund einer konstanten Förderleistung der Pumpe bleiben diese aus dem Wassertank entnommenen Anteile während des Beregnungsvorgangs weitgehend konstant. Nach einer kurzen Einschwingphase wird zum Zeitpunkt ② die Entlüftungsöffnung verschlossen und die Druckluftanlage aktiviert (vgl. Abbildung 4.3 ⓒ). Wie in Abbildung 4.4 in grau dargestellt, steigt der Druck in der Messkammer sprunghaft an und der durch die Waage gemessene Gewichtsverlust des Wassertankes fällt gleichzeitig ab. Über die Gleichung (4.2) kann dieser Effekt nachträglich in den Messdaten der Waage berücksichtigt werden (vgl. Abbildung 4.4 ⓑ und ⓒ).

$$\Delta m = \Delta p \cdot A \cdot g^{-1} \qquad [\mathrm{kg}] \tag{4.2}$$

Damit beginnt schließlich die eigentliche Prüfung der Fassadenoberfläche. In diesem Abschnitt steigt der Gewichtsverlust des Wassertanks kontinuierlich weiter. Dieser resultiert aus der von den Fassadenbaustoffen aufgesaugten Wassermenge und den Verlusten, die das Kreislaufsystem anderweitig verlassen. Zum Zeitpunkt ③ wird die Druckluftanlage deaktiviert und die Entlüftung für einen Druckausgleich geöffnet. In ④ wird schließlich die Wasserpumpe wieder abgeschaltet und kurzzeitig im Rücklauf gefahren. Dadurch wird das in den Leitungen verbliebene Wasser zurück in den Wassertank gepumpt. Nach einer kurzen Abtropfphase wird mit dem Zeitpunkt ⑤ schließlich das Messsystem gestoppt. Die seit dem Abschalten der Pumpe in den Wassertank zurückgelaufene Wassermenge ⓓ beschreibt den Anteil, der sich während der Beregnung kontinuierlich im Umlauf befand. Entsprechend kann die Wassermenge ⓓ nicht als Systemverlust betrachtet und schließlich von dem Gewichtsverlust des Wassertanks rückwirkend wieder abgezogen werden. Nach Berücksichtigung von Einflüssen aus der Druckluftanlage durch Anwendung von Gleichung (4.2) kann der Systemverlust über die Zeit analog Abbildung 4.6 dargestellt werden. Abbildung 4.6 unterscheidet dabei zwischen dem zeitlichen Verlauf der durch die Fassadenfläche aufgenommenen Wassermenge (Zielgröße) und den ungewollten systemimmanenten Verlusten

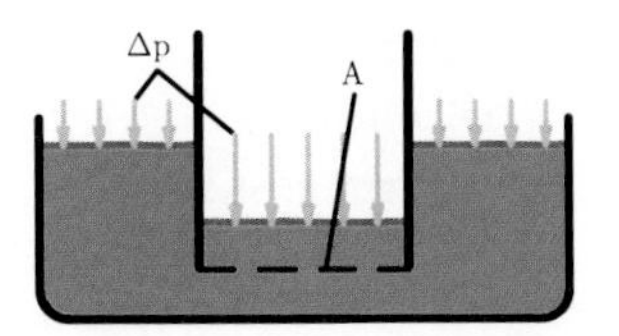

Abbildung 4.5: Die Gewichtszunahme des Wassertanks Δm kann mithilfe der Druckfläche A und des gemessenen Differenzdrucks Δp zwischen Umgebung und Messkammer berechnet werden.

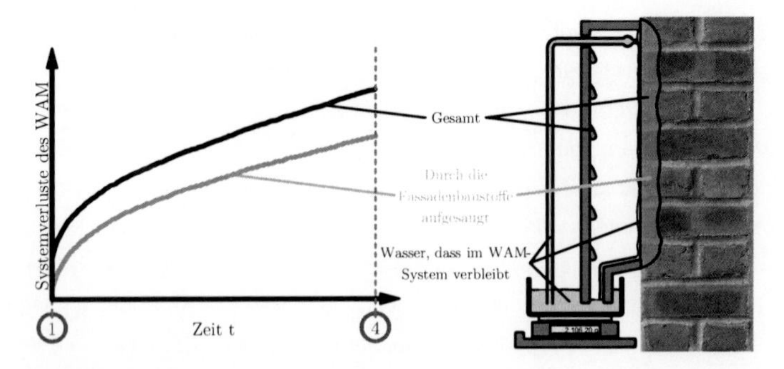

Abbildung 4.6: Prinzipieller Verlauf systembedingter Wasserverluste des Wasseraufnahmemessgeräts (WAM), wobei die schwarze Kurve die gesamten Verluste (von der Fassade aufgesaugt, verdunstet, Wassertropfen am Rahmen der Messkammer, in den Leitungen verblieben, etc.) und die graue Kurve ausschließlich die von den Fassadenbaustoffen aufgesaugte Wassermenge darstellen

aus dem Wasserkreislaufsystem. Diese systemimmanenten Verluste werden in Abbildung 4.6 durch die Differenz aus schwarzer und grauer Kurve beschrieben. Im folgenden Abschnitt 5 werden diese Verluste experimentell bestimmt und in Form einer Kalibrierfunktion numerisch aufbereitet.

4.5 Zusammenfassung

Das Kapitel behandelt die Entwicklung eines In-situ-Messgeräte-Prototypen zur Bestimmung des Wasseraufnahmeverhaltens von Fassaden, dem Wasseraufnahmemessgerät (WAM). Ausgehend von der Definition eines Anforderungsprofils wird zunächst ein Messprinzip entworfen. Aus dessen technischer Umsetzung resultiert ein Prototyp, dessen Funktionsweise ausführlich dargelegt wird. In einer Analyse erfolgt schließlich eine Interpretation der Messdaten des Wasseraufnahmemessgeräts.

5 Validierung unter Laborbedingungen

In einer Validierung soll geprüft werden, ob das in Kapitel 4 entwickelte Wasseraufnahmemessgerät (WAM) die gestellten Anforderungen erfüllt. Die Validierung wird hier gem. DIN EN ISO/IEC 17025 [2017] als Nachweis verstanden, bei dem besondere Anforderungen für einen speziellen beabsichtigten Gebrauch erfüllt sind. Die Validierung bezieht sich entsprechend auf die Prüfaufgabe unter bestimmten Randbedingungen bei einer festgelegten Vorgehensweise (Taffe [2008]). Im diesem Abschnitt wird die Validierung des WAM unter Laborbedingungen durchgeführt. Nach der allgemeinen Definition der Prüfaufgabe folgt die Kalibrierung des entwickelten Wasseraufnahmemessgeräts. Daran anschließend werden Effekte einer dreidimensionalen Feuchteausbreitung theoretisch und experimentell untersucht. Abschließend erfolgt die Gegenüberstellung von Ergebnissen des Wasseraufnahmekoeffizienten an Baustoffproben, die mithilfe des klassischen Laborexperimentes A_w und aus Messdaten des WAM $A_{w,WAM}$ bestimmt wurden. Auf die Betrachtung von Einflüssen aus Randbedingungen, die unter einer realen In-situ-Anwendung des WAM allgemein auftreten können, wird im daran anschließendem Kapitel 6 eingegangen.

5.1 Definition der Prüfaufgabe

Die Beantwortung der Frage, ob ein bestimmtes Messgerät für eine bestimmte Messaufgabe geeignet ist, hängt stark von den Anforderungen an das resultierende Messergebnis ab. Die Prüfaufgabe besteht im vorliegenden Fall in der Bestimmung der physikalischen Größe des Wasseraufnahmekoeffizienten A_w von Baustoffen. Wie auch bei vielen physikalischen Messverfahren wird die Prüfaufgabe folgend durch Anforderungen an die Messunsicherheit definiert. Ausgehend vom aktuellem Stand der Technik sollte das Verfahren in der Lage sein die unterste Nachweisgrenze an den Wasseraufnahmekoeffizienten von $A_w \leq 0,003$ $[\mathrm{kg \cdot m^{-2} \cdot s^{-0,5}}]$ bzw. $W_w \leq 0,2$ $[\mathrm{kg \cdot m^{-2} \cdot h^{-0,5}}]$ (vgl. DIN 4108-3 [2018] und WTA Merkblatt 6-5 [2014]) mit hinreichender Genauigkeit bestimmen zu können. Ferner resultiert die Anforderung an einen für Fassadenbaustoffe typischen Messwertbereich von $0 \leq A_w \leq 0{,}083$ $[\mathrm{kg} \cdot \mathrm{m}^{-2} \cdot \mathrm{s}^{-0{,}5}]$ bzw. $0 \leq W_w \leq 5$ $[\mathrm{kg} \cdot \mathrm{m}^{-2} \cdot \mathrm{h}^{-0{,}5}]$. Die allgemein angewendete Auflösung einer Messgröße kann als Kriterium für die erforderliche Genauigkeit der Messgröße herangezogen werden. Als Referenzmethode für die Bestimmung des Wasseraufnahmekoeffizienten A_w von Baustoffen gilt die Labormethode nach DIN EN ISO 15148 [2016], beschrieben in Abschnitt 3.4.1. Die bei deren Anwendung übliche Messwertauflösung beträgt $0{,}001$ $[\mathrm{kg} \cdot \mathrm{m}^{-2} \cdot \mathrm{s}^{-0{,}5}]$ bzw. $0{,}1$ $[\mathrm{kg} \cdot \mathrm{m}^{-2} \cdot \mathrm{h}^{-0{,}5}]$ (vgl. z.B. Zhao and Meissener [2017], Künzel [2015a] oder Roels et al. [2004]). Mithilfe des entwickelten WAM sollte die identische Auflösung der Messgröße mit hinreichender Genauigkeit dargestellt werden können. Die erfolgreiche Validierung beinhaltet, dass diese Prüfaufgabe unter den für den In-situ-Einsatz üblichen Randbedingungen zu erfüllen ist.

5.2 Kalibrierung unter stationären Randbedingungen

Abbildung 5.1: Versuchsaufbau des Kalibrierexperimentes

Bei der Anwendung des Wasseraufnahmemessgeräts (WAM) wird zunächst die Funktion der in die Fassade eingedrungenen Wassermenge in Abhängigkeit der Zeit $m(t)$ bestimmt. Während der Prüfdurchführung treten jedoch gleichzeitig Verluste auf, wobei Wasser das Messsystem des Geräts anderweitig verlässt. Dazu zählen insbesondere Wassertropfen, die sich auf der Innenseite der Messkammer sowie im Bereich des Sichtfensters absetzen (vgl. Abbildung 4.3 ⓑ und ⓔ). Für die Berücksichtigung der dabei entstehenden Messabweichung wird folgend eine integral-experimentelle Kalibrierung nach JCGM 100 [2008] vom Typ A durchgeführt. Dabei wird in einem Experiment eine Probe mit bekanntem Saugverhalten mittels WAM wiederholt untersucht. Die Differenz zwischen dem mittleren Messergebnis des WAM und dem wahren Wert entspricht der Messabweichung des Geräts. Gebildet wird die experimentelle Messabweichung aus dem Mittelwert von mehreren wiederholten Messungen derselben Messgröße. Die Werte der mittleren Messabweichung über die Zeit des Experimentes bilden schließlich die Kalibrierdaten. Mithilfe einer Regressionsanalyse bildet sich aus diesen Daten schließlich die Kalibrierfunktion des WAM. Der verwendete Versuchsaufbau des Kalibrierexperimentes ist in Abbildung 5.1 zu sehen. Dabei wurde ein kunststoffbeschichtetes Stahlblech für die Untersuchung des Wasseraufnahmeverhaltens in die Apparatur des WAM eingesetzt. Diese Kunststoffbeschichtung ist wasserdicht und nimmt damit allgemein kein Wasser auf. Der wahre Wert des Wasseraufnahmekoeffizienten des Kalibrierstoffes beträgt damit $A_w = 0,000$ $[\mathrm{kg} \cdot \mathrm{m}^{-2} \cdot \mathrm{s}^{-0,5}]$. Die Durchführung des Kalibrierexperimentes wurden analog der unter Abschnitt 4.3 beschrieben Vorgehensweise durchgeführt. Als Dauer der einzelnen Versuchsdurchführungen wurde ein Zeitraum zwischen 1 und 4 $[\mathrm{h}]$ gewählt. Von den insgesamt 24 Einzelversuchen wurde je die Hälfte mit und ohne Applikation eines Luftüberdruckes – wie beschrieben in Abschnitt 4.3 – in der Messkammer realisiert. Im Ergebnis zeigt die Aktivierung der Luftdruckanlage keinen signifikanten Einfluss auf die Kalibrierung des WAM. Durch eine Regressionsanalyse wurde aus den Kalibrierdaten schließlich ein funktionaler Zusammenhang gebildet. Als Funktions-

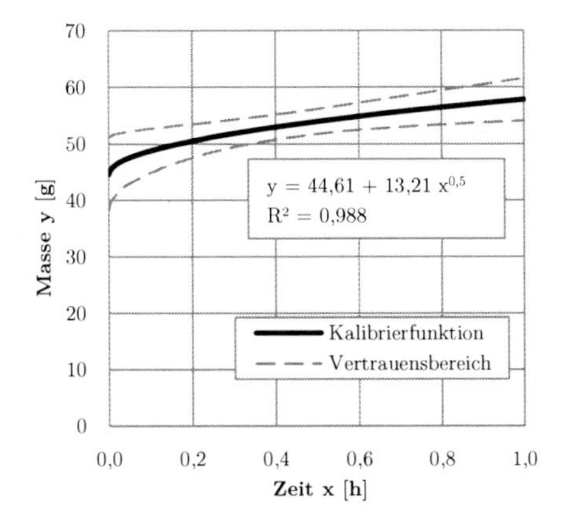

VB_x – Vertrauensbereich
s_{x0} – Standardabweichung des Verfahrens
s_y – Standardabweichung der Reste
x_i – Messwert
$\bar{x}, \bar{y}$ – Mittelwerte
$\hat{y}$ – Funktionswert der Kalibrierkurve
y_p – Schnittpunkt oberer VB mit y-Achse
a, b – Koeffizienten der Kalibrierkurve
n – Anzahl Messwerte
m – Anzahl Parallelbestimmungen
t – Tabellenwert der t-Verteilung
$t = t(f;5\%) \approx 1,96$

$$y = a + b \cdot x^{0,5} \quad R^2 = \frac{\sum_{i=1}^{n} (\hat{y}_i - \bar{y})^2}{\sum_{i=1}^{n} (y_i - \bar{y})^2} \qquad y_p = a + s_y \cdot t \cdot \sqrt{\frac{1}{n} + \frac{1}{m} + \frac{\bar{x}^2}{\sum_{i=1}^{n} (x_i - \bar{x})^2}}$$

$$s_{x0} = s_y \cdot b^{-1} \quad s_y = \sqrt{\frac{1}{n-2} \sum_{i=1}^{n} (y_i - \hat{y})^2} \qquad VB_x = s_{x0} \cdot t \cdot \sqrt{\frac{1}{n} + \frac{1}{m} + \frac{(y_p - \bar{y})^2}{b^2 \sum_{i=1}^{n} (x_i - \bar{x})^2}}$$

Abbildung 5.2: Auswertung des Kalibrierexperimentes mit linearisierter Regressionsanalyse und Vertrauensbereich sowie Darstellung der Berechnungsgrundlage nach Stahel [2009]

form wurde eine quadratwurzelförmige Abhängigkeit gewählt. Mit einem Bestimmtheitsmaß von $R^2 = 0,988\ [-]$ ist hier eine hohe Übereinstimmung gegeben. Abbildung 5.2 zeigt die Regressionsfunktion der Kalibrierung. Ferner zeigt sie den Vertrauensbereich der Kalibrierdaten zur Kalibrierfunktion sowie die Gleichungen zu dessen Bestimmung. Der Vertrauensbereich bewegt sich in einem Intervall von ca. 3 bis $5\ [g]$. Bezogen auf eine mittlere Benetzungsfläche von $A = 0,205\ [m^2]$ entspricht das einer mittleren absoluten Abweichung von ca. $\Delta m \approx 0,01$ bis $0,03\ [kg \cdot m^2]$. Aufgrund der identischen quadratwurzelförmigen Abhängigkeit von der Zeit können der Kalibrierkoeffizient b und die aus Messdaten resultierenden Wasseraufnahmekoeffizienten direkt gegenübergestellt werden. Demnach ergibt sich eine Kalibrierung der Messdaten des WAM zu $b = 0,0011 \pm 0,0003\ [kg \cdot m^{-2} \cdot s^{-0,5}]$. Die Kalibrierfunktion bezieht sich dabei auf das WAM-Prüfgerät selbst und wird in allen folgenden Untersuchungen, unabhängig der ggf. variierenden Prüffläche, als Funktion der Zeit von den Messdaten des WAM pauschal abgezogen. Das Messsignal des WAM unter Berücksichtigung eines Kalibrierfehlers kann entsprechend durch Gleichung 5.1 beschrieben werden.

$$\overbrace{m_{WAM,Signal}(t)}^{Messsignal\ des\ WAM} = \overbrace{0,00108 \cdot t^{0,5} + 0,21868}^{Kalibrierfunktion} + \overbrace{m_{WAM}(t)}^{Wasseraufnahme} \quad [kg \cdot m^{-2}] \tag{5.1}$$

5.3 Mehrdimensionale Feuchteausbreitung

Wie bereits im Abschnitt 4.1.2 beschrieben, findet bei dem entwickelten Wasseraufnahmemessgerät (WAM) während des Benetzungsvorgangs stets eine dreidimensionale Feuchteausbreitung im Prüfkörper statt. Im Zuge der Validierung des WAM erfolgt die Abschätzung dieses Effektes. Dies ist notwendig, um eine Gegenüberstellung mit der Labormethode nach DIN EN ISO 15148 [2016] durchführen zu können. In diesem Abschnitt wird daher eine rechnerische Abschätzung der dreidimensionalen Feuchteverteilung untersucht. Ausgehend von Gleichung 5.2 nach Smettem et al. [1994] und darauf aufbauenden Simulationsergebnissen erfolgt die Entwicklung eines ingenieurmäßigen Ansatzes zur rechnerischen Abschätzung dieses Effektes. In einer Versuchsreihe wird dieser Ansatz schließlich messtechnisch validiert. Die durch Smettem et al. [1994] in einer rechnerischen Herleitung entwickelte Gleichung 5.2 beschreibt die Messergebnisse von Tensionsinfiltrometern für die Untersuchung des Wasseraufsaugverhaltens von Böden. Dabei vernachlässigen die Autoren gravitative Einflüsse. Entsprechend kann Gleichung 5.2 genutzt werden, um die kapillare Feuchteausbreitung einer kreisrunden Wasserkontaktfläche in vertikalen Bauteilen zu beschreiben.

$$m_{3D}(t) = A_w \cdot t^{0,5} + \frac{A_w{}^2 \cdot t \cdot \gamma}{(\theta_{cap} - \theta_0) \cdot \rho_w \cdot R} \qquad [\mathrm{kg} \cdot \mathrm{m}^{-2}] \tag{5.2}$$

Wobei die Gleichung definiert ist durch $D\{t \in \mathbb{R}; t \geq 0\}$. Der vereinfachte Ansatz beruht auf der Feuchteausbreitung mit einer „scharfen“ Feuchtefront bei einem konstanten kapillaren Wassergehalt ohne Ausbildung von Feuchtegehaltsprofilen. Ferner geht der Ansatz von einer perfekt kreisrunden Benetzungsfläche und homogenen Materialeigenschaften aus. Auch wenn diese Randbedingungen in den allermeisten Fällen nicht erfüllt sind, so wird eine Abschätzung der dreidimensionalen Verteilung ermöglicht. Neben den Messdaten $m_{3D}(t)$ $[\mathrm{kg} \cdot \mathrm{m}^{-2}]$ in Abhängigkeit der Versuchszeit t $[\mathrm{s}]$ und dem Wasseraufnahmekoeffizienten der Materialprobe A_w $[\mathrm{kg} \cdot \mathrm{m}^{-2} \cdot \mathrm{s}^{-0,5}]$ sind in der Gleichung weitere Faktoren vorhanden. Dazu zählen die Proportionalitätskonstante γ $[-]$, der kapillare Wassergehalt θ_{cap} $[\mathrm{m}^3 \cdot \mathrm{m}^{-3}]$, der Startfeuchtegehalt θ_0 $[\mathrm{m}^3 \cdot \mathrm{m}^{-3}]$, der Radius der Wasserkontaktfläche R $[\mathrm{m}]$ sowie die Dichte des Wassers ρ_w $[\mathrm{kg} \cdot \mathrm{m}^{-3}]$. In den folgenden Unterkapiteln sind diese Faktoren für die ingenieurmäßige Anwendung von Gleichung 5.2 analysiert worden. Durch Einsetzen der allgemeinen Form des Wasseraufnahmeexperimentes $m_{1D}(t) = A_w \cdot t^{0,5}$ $[\mathrm{kg} \cdot \mathrm{m}^{-2}]$ in Gleichung 5.2 ergibt sich diese zu:

$$m_{3D}(t) = m_{1D}(t) + \frac{m_{1D}(t)^2 \cdot \gamma}{(\theta_{cap} - \theta_0) \cdot \rho_w \cdot R} \qquad [\mathrm{kg} \cdot \mathrm{m}^{-2}], \tag{5.3}$$

mit $D\{m_{1D}(t) \in \mathbb{R}; m_{1D}(t) \geq 0\}$. Mithilfe von Gleichung 5.3 lassen sich die Daten der eindimensionalen Wasseraufnahme aus den Messdaten des dreidimensionalen Wasseraufnahmeexperimentes berechnen.

5.3.1 Abschätzung von Wassergehalten

Der kapillare Wassergehalt θ_{cap} $[\mathrm{m}^3 \cdot \mathrm{m}^{-3}]$ beschreibt den mittleren Wassergehalt, der während des Wasseraufnahmeexperimentes im durchfeuchteten Baustoff auftritt. Für die Anwendung in Gleichung 5.2 ist jedoch vielmehr die Feuchtegehaltsdifferenz zum Startfeuchtegehalt erforderlich. Hier sind entsprechend die typischen Randbedingungen des Wasseraufnahmeexperimentes anzusetzen. Als typischer Startfeuchtegehalt wird gemäß DIN EN ISO 15148 [2016] der Ausgleichsfeuchtegehalt bei 50 $[\%\mathrm{RH}]$, θ_{50} $[\mathrm{m}^3 \cdot \mathrm{m}^{-3}]$ herangezogen. Abbildung 5.3 zeigt Messwerte für $\theta_{cap} - \theta_{50}$ verschiedener Fassadenbaustoffe. Deren Datengrundlage ist die Materialdatenbank der hygrothermischen Simulationssoftware Delphin

5.9 (vgl. Nicolai et al. [2009]). Bildabschnitt ⓐ zeigt eine Gegenüberstellung von $\theta_{cap} - \theta_{50}$ zum Wasseraufnahmekoeffizienten. Während Daten von Mauerziegeln und Klinkern einen schwachen linearen Zusammenhang zeigen, ist dieser bei Putzen und Mörteln nicht zu erkennen. Bildabschnitt ⓑ zeigt die Verteilung der Messwerte in einem Box-Plot-Diagramm. Bei der zerstörungsfreien Messung der Wasseraufnahmekoeffizienten an Fassaden ist eine exakte Bestimmung von Wassergehalten nur bedingt möglich. Um diesen dennoch abzuschätzen, können Erfahrungswerte eingesetzt werden. Dabei ist zu beachten, dass ein zu niedrig angesetzter Wert für $\theta_{cap} - \theta_{50}$, dessen Anteil an dreidimensionalem Saugen überschätzen würde. Im Zweifel wird daher ein Wert von $\theta_{cap} - \theta_{50} = 0,206\,[\mathrm{m}^3 \cdot \mathrm{m}^{-3}]$ vorgeschlagen. Dies entspricht in etwa dem Mittelwert der in Abbildung 5.3 dargestellten Daten verschiedener typischer Fassadenbaustoffe. Ausgehend von einer Normalverteilung der Werte für $\theta_{cap} - \theta_{50}$ wird für eine Fehlerschätzung im folgenden mit einer $90\,\%$-Umgebung ($P(\mu - 1,64 \cdot \sigma \leq X \leq \mu - 1,64 \cdot \sigma) \approx 90\%$) gearbeitet. Aus den Daten von Abbildung 5.3 ergibt sich $\theta_{cap} - \theta_{50}$ zu:

$$\theta_{cap} - \theta_{50} = 0,206 \pm 0,117 \qquad [\mathrm{m}^3 \cdot \mathrm{m}^{-3}]. \tag{5.4}$$

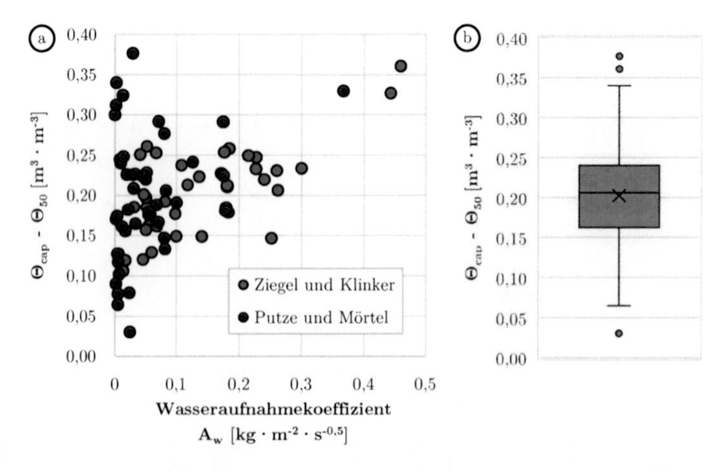

Abbildung 5.3: Typische Messwerte verschiedener Fassadenbaustoffe ($n = 85$) für die Differenz aus kapillarem Wassergehalt $\theta_{cap}\,[\mathrm{m}^3 \cdot \mathrm{m}^{-3}]$ und Ausgleichsfeuchtegehalt bei $50\,[\%\mathrm{RH}]$ $\theta_{50}\,[\mathrm{m}^3 \cdot \mathrm{m}^{-3}]$. Mit ⓐ: der Gegenüberstellung zum Wasseraufnahmekoeffizienten und ⓑ: der Darstellung als Box-Plot-Diagramm.

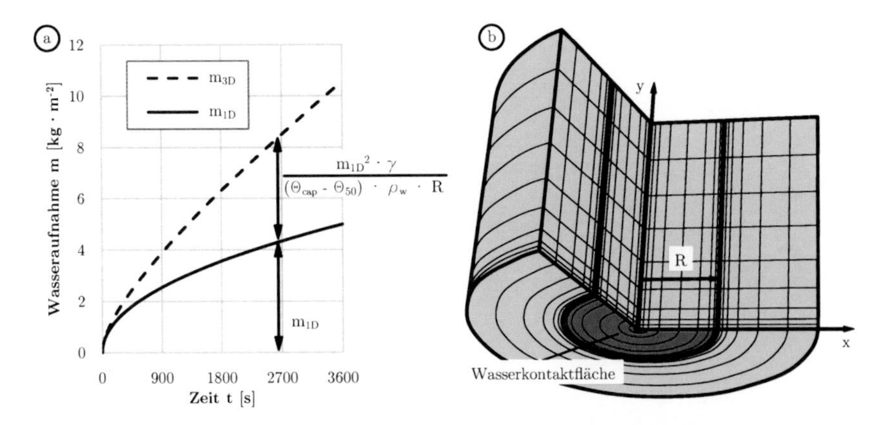

Abbildung 5.4: Simulationsmodell für die Untersuchung dreidimensionaler Verteilungseffekte mit ⓐ: der Definition der beiden Terme aus Gleichung 5.5 und ⓑ: einer Skizze des rotationssymmetrischen Simulationsmodells.

5.3.2 Bestimmung der Proportionalitätskonstante γ

In der rechnerischen Herleitung von Gleichung 5.2 definieren die Autoren in Smettem et al. [1994] die Proportionalitätskonstante mit $\gamma = \sqrt{0,3} \approx 0,55\,[-]$. Die zugrundeliegende Modellvorstellung geht dabei von einer scharfen Feuchtefront aus, die gleichmäßig in den Baustoff eindringt. Untersuchungen in Haverkamp et al. [1994] zeigen, dass sich der tatsächliche Wert für γ aufgrund der Ausbildung von Feuchtegehaltsprofilen in einem Bereich von $0,6 < \gamma < 0,8\,[-]$ bewegt. Messreihen in Smettem et al. [1995] und hygrothermische Simulationsberechnungen in Hendrickx [2013] bestätigen dies. Hinweise wie dieser Bereich verschiedenen Materialien oder bestimmten Materialeigenschaften zuzuordnen ist, werden jedoch nicht gegeben. In der folgenden Untersuchung wird ein nummerischer Ansatz für eine Abschätzung von γ entwickelt. Dabei wird von der Vorstellung ausgegangen, dass die Ausbreitung eines dreidimensionalen Durchfeuchtungskörpers bei verschiedenen Materialien grundsätzlich ähnlich verläuft. Dabei ist es vielmehr eine Frage der Zeit, bis sich bei verschiedenen Materialien mit verschiedenen Sauggeschwindigkeiten und gleicher Geometrie der Wasserkontaktfläche ähnliche Durchfeuchtungskörper ausbilden. Begrenzt auf geringe Eindringtiefen, wie sie auch bei der In-situ-Messung des Wasseraufnahmeverhaltens auftreten, ließe sich die Korrektur der Geometrie des Durchfeuchtungskörpers auf Basis der insgesamt eingedrungenen Wassermenge abschätzen. Das bedeutet, dass sich der Einfluss von Feuchtegehaltsprofilen auf die Proportionalitätskonstante $\gamma\,[-]$ aus Gleichung 5.2

in Abhängigkeit von der insgesamt eingedrungenen Wassermenge m_{3D} $[\mathrm{kg \cdot m^{-2}}]$ abschätzen ließe. Für die Untersuchung dieser Abhängigkeit werden zunächst Werte für γ bestimmt. Dafür werden Daten aus ein- und dreidimensionalen hygrothermischen Simulationsberechnungen genutzt. Durch Einsetzen der allgemeinen Form des Wasseraufnahmeexperimentes $m_{1D}(t) = A_w \cdot t^{0,5}$ $[\mathrm{kg \cdot m^{-2}}]$ in Gleichung 5.2 ergibt sich diese zu:

$$m_{3D}(t) = m_{1D}(t) + \frac{m_{1D}(t)^2 \cdot \gamma}{(\theta_{cap} - \theta_{50}) \cdot \rho_w \cdot R} \qquad [\mathrm{kg \cdot m^{-2}}]. \tag{5.5}$$

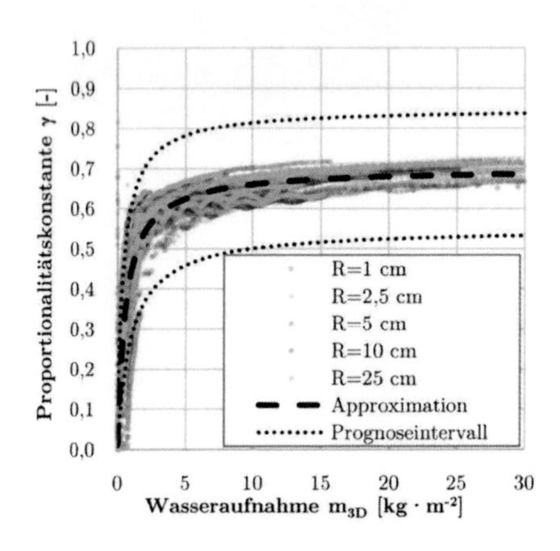

Abbildung 5.5: Simulationsergebnisse der Proportionalitätskonstante γ nach Gleichung 5.6 mit verschiedenen Wasserkontaktradien, aufgetragen über die dreidimensionale Wasseraufnahme m_{3D} sowie ein approximierter funktionaler Zusammenhang zwischen γ und m_{3D} (mit $\chi^2 = 0,00633$ und $R^2 = 0,8499$) mit dessen Prognoseintervall von $\pm 0,15595$ (mit $\alpha = 0,90$)

Mithilfe der $2,5$-dimensionalen rotationssymmetrischen Funktion der hygrothermischen Simulationssoftware Delphin 5.9 (vgl. Nicolai et al. [2009]) wurden simulierte Daten der eindimensionalen $m_{1D}(t)$ sowie der dreidimensionalen Wasseraufnahme $m_{3D}(t)$ erzeugt. Dafür erfolgte die Modellierung eines rotationssymmetrischen Zylinders, der auf der unterseitigen Grundfläche zentrisch durch einen kreisförmigen Flüssigwasserkontakt beansprucht wurde. Der Radius dieser Wasserkontaktfläche R $[\mathrm{m}]$ ist dabei stets um $0,5$ $[\mathrm{m}]$ kleiner als der Radius des gesamten Zylinders. Die Höhe des Zylinders beträgt je $\geq 0,5$ $[\mathrm{m}]$. Dividiert man nun die Ausgabe des integralen Wassergehaltes als Datenreihe über die Zeit, durch die Kreisfläche der Flüssigwasserkontaktbedingung, ergeben sich Daten der dreidimensionalen Wasseraufnahme $m_{3D}(t)$ $[\mathrm{kg \cdot m^{-2}}]$. Abbildung 5.4 zeigt eine Skizze des gewählten Simulationsmodells (Bildabschnitt ⓑ) sowie die Definition der darin generierten Simulationsdaten (Bildabschnitt ⓐ). In einer zweiten Simulationsberechnung erfolgte eine vollflächige Beanspruchung der unterseitigen Grundfläche mittels Flüssigwasserkontaktbedingung. Die Daten des integralen Wassergehaltes dividiert durch die Grundfläche des Zylinders ergeben dann die eindimensionale Wasseraufnahme als Datenreihe über die Zeit $m_{1D}(t)$ $[\mathrm{kg \cdot m^{-2}}]$. Bei Ausgabe des Startfeuchtegehaltes θ_{50} $[\mathrm{m^3 \cdot m^{-3}}]$ und des mittleren Wassergehaltes im Durchfeuchtungskörper θ_{cap} $[\mathrm{m^3 \cdot m^{-3}}]$ aus den Simulationsergebnissen lassen sich Daten für γ berechnen. Dies erfolgt durch Umstellen von Gleichung 5.5 nach γ und Einsetzen der simulierten Daten wie folgt:

$$\gamma = \frac{m_{3D}(t) - m_{1D}(t)}{m_{1D}(t)^2} \cdot (\theta_{cap} - \theta_{50}) \cdot \rho_w \cdot R \qquad [-]. \tag{5.6}$$

Die oben beschriebenen Simulationsberechnungen wurden mit insgesamt 26 verschiedenen Materialdatensätzen und je 5 verschiedenen Wasserkontaktradien ($R = 10; 25; 50; 100$ und 250 [mm]) durchgeführt. Die Saugzeit in den Simulationsberechnungen wurde auf $t_{max} = 1$ [h] begrenzt. Durch Einsetzen der simulierten Datenreihen, der Eingangswerte und der Konstanten in Gleichung 5.6 wurden Datenreihen für γ berechnet. Abbildung 5.5 zeigt diese Daten aufgetragen über die flächenbezogene, dreidimensionale Wasseraufnahme m_{3D}. Die Werte verschiedener Materialien und verschiedener Wasserkontaktradien fallen übereinander. Bei geringen Wasseraufnahmewerten von $m_{3D} < 2$ $[\mathrm{kg} \cdot \mathrm{m}^{-2}]$ zeigen sich ein steiler Anstieg sowie eine größere Streuung der Werte. Darüber hinaus verlaufen die Werte deutlich homogener. Weiterhin enthält Abbildung 5.5 einen mittels Hill-Langmuir-Gleichung (Gesztelyi et al. [2012]) approximierten funktionalen Zusammenhang für $\gamma(m_{3D})$. Die nichtlineare Kurven-Approximation erfolgte mithilfe der Software OriginLab 6.1G [2000]. Mit einer Anpassungsgüte von $\chi^2 = 0,00633$ und $R^2 = 0,8499$ zeigt die approximierte Gleichung 5.7 eine gute Übereinstimmung mit den simulierten Daten. Ausgehend von einer Normalverteilung der Werte ergibt sich das Prognoseintervall in einer $90\,\%$-Umgebung mit $\alpha = 0,90$ zu $\pm 0,15595$. Dabei befinden sich Punkte für γ von verschiedenen Fassadenbaustoffen zu 90 [%] in diesem Bereich. Damit ergibt sich $\gamma(m_{3D})$ zu:

$$\gamma(m_{3D}) = 0,7 \cdot \frac{m_{3D}}{m_{3D} + 0,6} \pm 0,15595 \qquad [-]. \tag{5.7}$$

Gleichung 5.7 nähert sich dem Wert $\gamma = 0,7$ asymptotisch an. Im langfristigen Trend bewegen sich die Werte in einem prognostizierten Bereich von $0,54 < \gamma < 0,86$. Das liegt symmetrisch über dem von Haverkamp et al. [1994] angegebenen Bereich von $0,6 < \gamma < 0,8$. Zu berücksichtigen ist, dass sich die vorliegende Untersuchung auf eine kreisförmige Benetzungsfläche bezieht. Für die Übertragung der Ergebnisse auf rechteckige Wasserkontaktflächen wird vereinfachend der flächenäquivalente Radius mit $\bar{R} = (a \cdot b \cdot \pi^{-1})^{0,5}$ angenommen.

5.3.3 Fehlerfortpflanzung infolge Parameterschätzung

In diesem Abschnitt wird geprüft, inwieweit die Schätzung der Parameter γ und $(\theta_{cap} - \theta_{50})$ in den Abschnitten 5.3.1 und 5.3.2 die Ergebnisse von Gleichung 5.2 bzw. Gleichung 5.3 beeinflussen. Dabei wird davon ausgegangen, dass die Fehler beider Größen nicht systematisch, normalverteilt und voneinander unabhängige Variablen sind. Dazu werden die Unsicherheiten beider Größen mithilfe des Gauß'schen Fehlerfortpflanzungsgesetzes verrechnet. Hierfür werden zunächst die beiden fehlerbehafteten Größen in einem funktionalen Zusammenhang als Variable c zusammengefasst.

$$c = (\theta_{cap} - \theta_{50}) \cdot \gamma(m_{3D})^{-1} \qquad [\mathrm{m}^3 \cdot \mathrm{m}^{-3}] \tag{5.8}$$

und

$$\sigma_c = \left[\gamma(m_{3D})^{-2} \cdot \sigma^2_{(\theta_{cap}-\theta_{50})} + \left(-\frac{(\theta_{cap} - \theta_{50})}{\gamma(m_{3D})^2} \right)^2 \cdot \sigma^2_{\gamma(m_{3D})} \right]^{0,5} \qquad [\mathrm{m}^3 \cdot \mathrm{m}^{-3}] \tag{5.9}$$

wobei

$$\gamma(m_{3D}) = 0,7 \cdot \frac{m_{3D}}{m_{3D} + 0,6} \quad ; \quad \sigma_{\gamma(m_{3D})} = 0,15595 \quad [-] \tag{5.10}$$

und

$$\theta_{cap} - \theta_{50} = 0,206 \quad ; \quad \sigma_{(\theta_{cap}-\theta_{50})} = 0,117 \quad [\mathrm{m}^3 \cdot \mathrm{m}^{-3}]. \tag{5.11}$$

Durch Ersetzen der fehlerbehafteten Variable c in Gleichung 5.3 ergibt sich diese zu

$$m_{3D}(t) = m_{1D}(t) + \frac{m_{1D}(t)^2}{(c \pm \sigma_c) \cdot \rho_w \cdot R} \qquad [\mathrm{kg} \cdot \mathrm{m}^{-2}]. \tag{5.12}$$

Mithilfe des oben beschriebenen Simulationsmodells lassen sich Daten für $m_{1D}(t)$ und $m_{3D}(t)$ mit verschiedenen A_w und R bestimmen. Durch Einsetzen dieser Daten in Gleichung 5.12 werden dann die Abweichungen einer standardnormalverteilten 90%–Umgebung $(P(\mu - 1,64 \cdot \sigma \leq X \leq \mu - 1,64 \cdot \sigma) \approx 90\,[\%])$ generiert. Der Bereich zwischen oberer und unterer Grenze beschreibt dann den Bereich, in dem mögliche Ergebnisse der eindimensionalen Wasseraufnahme infolge der Parameterschätzung von γ und $(\theta_{cap} - \theta_{50})$ zu $90\,[\%]$ auftreten können. In jeweiligen linearen Regressionsanalysen über die Wurzelzeit wurden schließlich die Wasseraufnahmekoeffizienten der oberen und unteren Fehlergrenzen aus

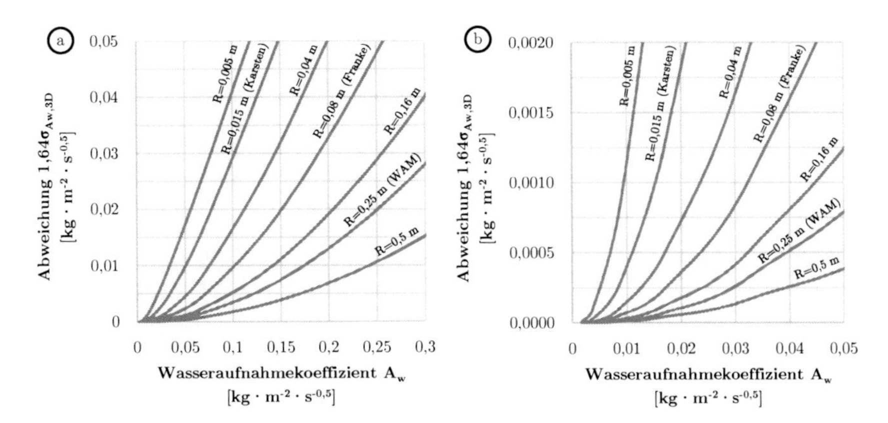

Abbildung 5.6: Simulationsmodell für die Untersuchung dreidimensionaler Verteilungseffekte mit ⓐ: der Definition der beiden Terme aus Gleichung 5.5 und ⓑ: einer Skizze des rotationssymmetrischen Simulationsmodells.

Gleichung 5.12 bestimmt. Deren Abweichung zum mittleren Wasseraufnahmekoeffizienten entspricht $1{,}64 \cdot \sigma$ $[\mathrm{kg} \cdot \mathrm{m}^{-2} \cdot \mathrm{s}^{-0{,}5}]$. Abbildung 5.6 zeigt diese Abweichungen von $1{,}64 \cdot \sigma(A_{w,3D}, R)$ für verschiedene A_w und R mit zwei verschiedenen Darstellungsbereichen. Bildabschnitt ⓐ betrachtet den Bereich mit einem Wasseraufnahmekoeffizienten $A_w < 0{,}05$ $[\mathrm{kg} \cdot \mathrm{m}^{-2} \cdot \mathrm{s}^{-0{,}5}]$ und Bildabschnitt ⓑ für $A_w < 0{,}3$ $[\mathrm{kg} \cdot \mathrm{m}^{-2} \cdot \mathrm{s}^{-0{,}5}]$. Für das in dieser Arbeit entwickelte WAM bewegt sich die untersuchte Abweichung infolge der Parameterschätzung für γ und $(\theta_{cap} - \theta_{50})$ auf einem allgemein niedrigen Niveau. Für den im Bildabschnitt ⓐ betrachten Bereich mit $A_w < 0{,}083$ $[\mathrm{kg} \cdot \mathrm{m}^{-2} \cdot \mathrm{s}^{-0{,}5}]$ liegt dieser bei $1{,}64 \cdot \sigma(A_{w,3D}) < 0{,}0025$ $[\mathrm{kg} \cdot \mathrm{m}^{-2} \cdot \mathrm{s}^{-0{,}5}]$. Mit sinkendem Wasseraufnahmekoeffizienten reduziert sich diese Abweichung weiter deutlich.

5.3.4 Relevanz dreidimensionaler Verteilungseffekte

Der beschriebene Ansatz wird nun auf dessen Anwendung beim In-situ-Wasseraufnahmeexperiment untersucht. Es wird die Relevanz bestimmt, inwieweit der Effekt das Gesamtergebnis des Wasseraufnahmekoeffizienten A_w beeinflusst. Zunächst lässt sich die Relevanz der seitlichen, dreidimensionalen Ausbreitung über das Verhältnis $m_{1D}(t) \cdot m_{3D}(t)^{-1}$ darstellen. Dabei ergibt sich Gleichung 5.5 nach Erweitern und Umstellen zu:

$$\frac{m_{1D}(t)}{m_{3D}(t)} = \left(1 + \frac{A_w \cdot t^{0,5} \cdot \gamma}{(\theta_{cap} - \theta_{50}) \cdot \rho_w \cdot R}\right)^{-1} \quad [-]. \tag{5.13}$$

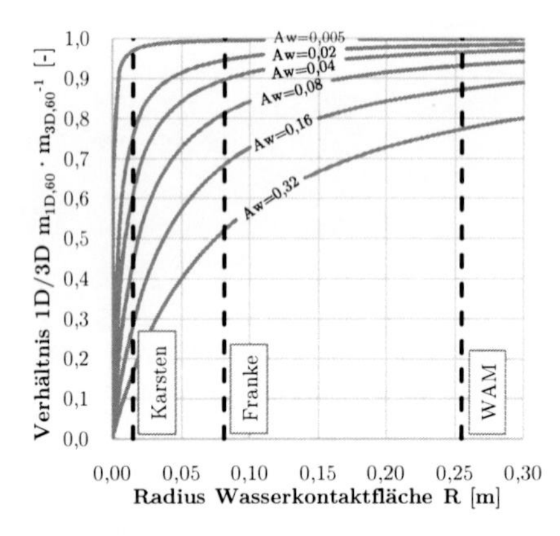

Abbildung 5.7: Darstellung der Relevanz dreidimensionaler Effekte der In-situ-Messung der Wasseraufnahme nach einer Stunde. Die Daten beruhen auf dem funktionalen Zusammenhang von Gleichung 5.13 für verschiedene Wasseraufnahmekoeffizienten A_w $[\mathrm{kg} \cdot \mathrm{m}^{-2} \cdot \mathrm{s}^{-0,5}]$ und verschiedene Radien der Wasserkontaktfläche R $[\mathrm{m}]$

Setzt man nun die verschiedenen Konstanten durch $t = 3600$ [sek], $\gamma = 0,7$ $[-]$, $(\theta_{cap} - \theta_{50}) = 0,206$ $[\mathrm{m}^3 \cdot \mathrm{m}^{-3}]$ und $\rho_w = 1000$ $[\mathrm{kg} \cdot \mathrm{m}^{-3}]$ ein, steht das Verhältnis in Gleichung 5.13 nur noch in Abhängigkeit zum Wasseraufnahmekoeffizienten A_w $[\mathrm{kg} \cdot \mathrm{m}^{-2} \cdot \mathrm{s}^{-0,5}]$ und dem Radius der Wasserkontaktfläche R $[\mathrm{m}]$. Abbildung 5.7 zeigt dieses Verhältnis für verschiedene Wasseraufnahmekoeffizienten und verschiedene Wasserkontaktradien. Die berechneten Kurven nähern sich mit steigendem Radius asymptotisch an den Wert 1 an. Zusätzlich eingetragen sind die Wasserkontaktradien bzw. die flächenäquivalenten Wasserkontaktradien mit $\bar{R} = (a \cdot b \cdot \pi^{-1})^{0,5}$ der In-situ-Messgeräte nach Karsten [1960], Franke et al. [1987] sowie dem im Rahmen dieser Arbeit entwickelten Wasseraufnahmemessgeräts (WAM). Es zeigt sich, dass mit steigendem Radius die Isothermen der verschiedenen Wasseraufnahmekoeffizienten A_w $[\mathrm{kg} \cdot \mathrm{m}^{-2} \cdot \mathrm{s}^{-0,5}]$ zunehmend waagerechter verlaufen. Insbesondere bei geringen Wasseraufnahmekoeffizienten von $A_w \leq 0,08$ $[\mathrm{kg} \cdot \mathrm{m}^{-2} \cdot \mathrm{s}^{-0,5}]$ steigen die Isothermen im Bereich des WAM nur noch sehr schwach. Der Einfluss des Radius der Wasserkontaktfläche auf Gleichung 5.13 ist dann untergeordnet. Daraus lässt sich ableiten, dass hier ein Abweichen von der kreisrunden zu einer rechteckigen Form der Wasserkontaktfläche voraussichtlich nur einen geringen Effekt auf die Anwendbarkeit von Gleichung 5.5 bei der Technologie des WAM hat. Durch Verwendung des flächenäquivalenten Radius $\bar{R} = (a \cdot b \cdot \pi^{-1})^{0,5}$ würde dann bei Anwendung in Gleichung 5.5 der dreidimensionale Randeffekt geringfügig unterschätzt. Das eindimensionale Ergebnis erzeugt dadurch einen geringfügig größeren Wasseraufnahmekoeffizienten. Durch den geringeren Abzug läge das resultierende Ergebnis somit tendenziell auf der sichereren Seite. Ferner bewegen sich die Isothermen überwiegend in einem Bereich von $0,85 < m_{1D}(t) \cdot m_{3D}(t)^{-1} < 1$. Damit ist der Effekt der seitlichen Feuchteverteilung bei der Technologie des WAM bei Messdauern von $t \leq 1$ [h] ohnehin nur von geringer Relevanz. Dessen rechnerische Berücksichtigung erscheint dennoch als sinnvoll. Im Bereich geringer Wasserkontaktradien wie bei Franke et al. [1987] und insbesondere beim Wassereindringprüfer nach Karsten [1960] verlaufen die Isothermen der verschiedenen Wasseraufnahmekoeffizienten deutlich steiler und auf einem niedrigeren Niveau. Damit steigen auch Unsicherheiten im Bezug auf die Anwendung von Gleichung 5.5. Ferner zeigt sich, dass der Nachweis der untersten Grenze von $A_w \leq 0,0033$ $[\mathrm{kg} \cdot \mathrm{m}^{-2} \cdot \mathrm{s}^{-0,5}]$ mit allen drei Technologien weitgehend ohne das Auftreten von dreidimensionalen Verteilungseffekten nachgewiesen werden kann.

5.3.5 Experimentelle Validierung unter Laborbedingungen

Der entwickelte Ansatz wird folgend in einer Laborstudie experimentell überprüft. In dem Versuchsaufbau wurde Kalksandstein mit verschiedenen Methoden untersucht. Es erfolgte die Beanspruchung der Baustoffoberfläche mit einem Flüssigwasserkontakt bei verschiedenen Geometrien der Benetzungsflächen. Eingesetzt wurden der Wassereindringprüfer nach Karsten [1960], die WD Prüfplatte nach Franke et al. [1987] und die Methode des Wasseraufnahmemessgerät (WAM). Als Referenzmethode wurde die Bestimmung des Wasseraufnahmekoeffizienten im klassischen Laborversuch bei teilweisem Eintauchen nach DIN EN ISO 15148 [2016] durchgeführt. Der prinzipielle Versuchsaufbau ist in Abbildung 5.8 zu sehen. Aus großformatigen Kalksandsteinplatten wurden im Verhältnis zur Prüffläche der verschiedenen Methoden verschieden große Probekörper hergestellt. Vor jeder Untersuchung erfolgte die Trocknung der Proben bei 105 [°C] und anschließender Konditionierung bei Umgebungsbedingungen von 20 [°C] und 50 [%RH] bis zur Massekonstanz. Mit den genannten Methoden wurde die vom Baustoff aufgesaugte kumulierte Wasseraufnahme, bezogen auf die benetzte Fläche $m_{3D}(t)$ $[\mathrm{kg} \cdot \mathrm{m}^{-2}]$ bestimmt. Die kontinuierliche Messdatenaufzeichnung erfolgte dabei über einen Versuchszeitraum der Einzelexperimente von $t \geq 1$ [h]. In Abbildung 5.8, Bildabschnitt ⓓ sind die Messdaten den Berechnungsergebnissen der dreidimensionalen Feuchteausbreitung gemäß Gleichung 5.2 gegenübergestellt. Das Diagramm zeigt die Mittelwerte und Standardabweichung der nach 60 [min] von der jeweiligen Wasserkontaktfläche aufgesaugten Wassermenge m_{60min} $[\mathrm{kg} \cdot \mathrm{m}^{-2}]$. Die Daten sind über den mittleren Radius der Wasserkontaktfläche bzw. dem flächenäquivalenten Radius der jeweiligen Methode aufgetragen. Die Ergebnisse des Referenzexperimentes nach DIN EN ISO

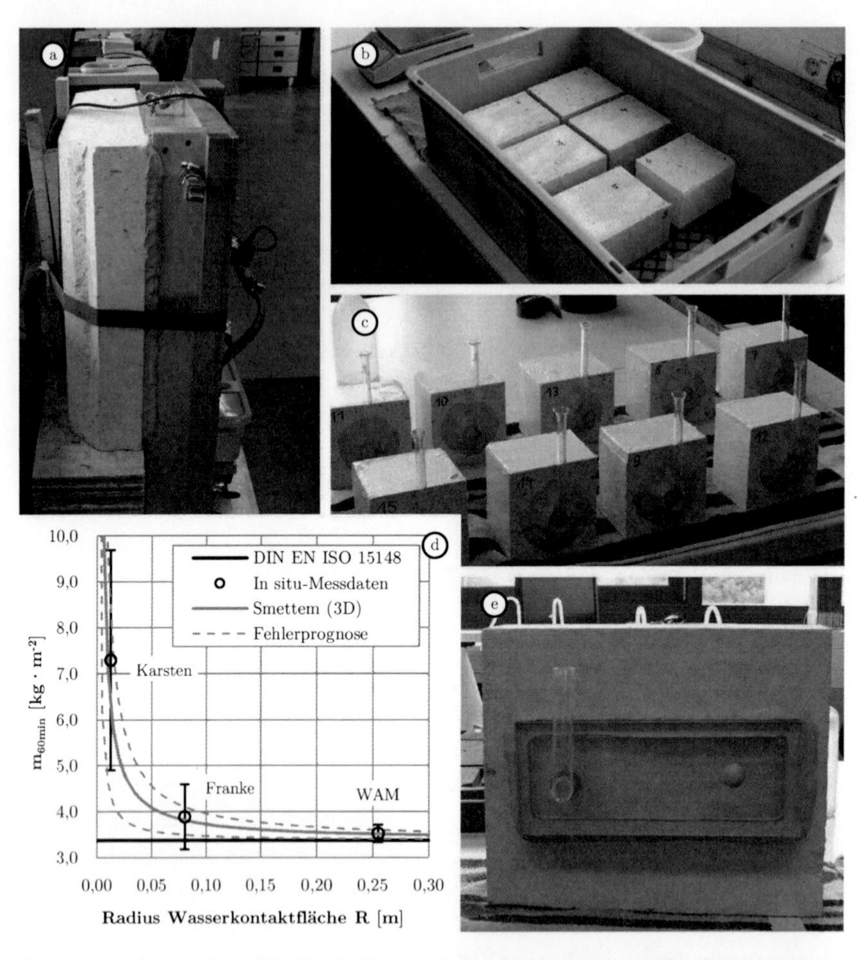

Abbildung 5.8: Versuchsaufbau für die Untersuchung dreidimensionaler Feuchteausbreitung bei der In-situ-Messung des Wasseraufnahmeverhaltens von Kalksandstein mit ⓐ: dem Wasseraufnahmemessgerät (WAM), ⓑ: dem Referenzversuch, ⓒ: dem Wassereindringprüfer nach Karsten und ⓔ: der WD Prüfplatte nach Franke. Der Bildabschnitt ⓓ zeigt die wesentlichen Ergebnisse der dargestellten Versuchsreihe.

15148 [2016] sind bei $m_{60min} = 3,37\,[\mathrm{kg} \cdot \mathrm{m}^{-2}]$ als Konstante über die verschiedenen Radien eingezeichnet. Die Ergebnisse der übrigen Methoden weisen aufgrund dreidimensionaler Feuchteausbreitung höhere Messwerte auf. Die graue Kurve im Diagramm zeigt die Berechnungsergebnisse nach Gleichung 5.2. Die Berechnungsdaten wurden mithilfe des aus dem Referenzexperiment gewonnenen Wasseraufnahmekoeffizienten bestimmt. Obwohl in diesen Untersuchungen sowohl der kapillare Wassergehalt, als auch der Ausgangsfeuchtegehalt bekannt sind, erfolgte die Berechnung nach Gleichung 5.2 mit den in Abschnitt 5.3.3 vorgeschlagenen Konstanten mit $\gamma = 0,7$ $[-]$ und $(\theta_{cap} - \theta_{50}) = 0,206$ $[\mathrm{m}^3 \cdot \mathrm{m}^{-3}]$. Ferner zeigt Abbildung 5.8 Bildabschnitt ⓓ die Grenzen der in Abschnitt 5.3.3 bestimmten normalverteilten 90%-Umgebung ($P(\mu - 1,64 \cdot \sigma \leq X \leq \mu - 1,64 \cdot \sigma) \approx 90\,[\%]$) der geschätzten Parameter γ und $(\theta_{cap} - \theta_{50})$. Es zeigt sich eine hohe Übereinstimmung zwischen berechneten und den Mittelwerten der gemessenen In-situ-Methoden nach Karsten [1960], Franke et al. [1987] und der WAM-Methode. Die mittleren Messwerte der In-situ-Methoden liegen nahe an den Berechnungsergebnissen nach Gleichung 5.2 und innerhalb des berechneten Prognoseintervalls. Mit steigendem Radius zeigt sich eine asymptotische Annäherung der Mess- und Berechnungsergebnisse an das Ergebnis des eindimensionalen Referenzexperimentes. Gleichzeitig sinkt die Standardabweichung der In-situ-Methoden mit steigendem Radius. Die Ergebnisse bestätigen die Gültigkeit von Gleichung 5.2 für den Baustoff Kalksandstein. Ferner zeigen die ermittelten Standardabweichungen der In-situ-Methoden den Zusammenhang aus der Größe der Wasserkontaktfläche und der damit verbundenen Repräsentativität.

5.3.6 Zusammenfassung

Bei der In-situ-Messung des Wasseraufnahmeverhaltens beeinflussen dreidimensionale Feuchteverteilungen an den Rändern zwangsläufig das Messergebnis. Aufgrund der vergleichsweise großen Prüffläche des entwickelten Wasseraufnahmemessgeräts (WAM) fällt dieser Anteil entsprechend gering aus. Ausgehend von Smettem et al. [1994] wurde in diesem Abschnitt eine vereinfachte rechnerische Lösung zur Berücksichtigung dreidimensionaler Verteilungseffekte untersucht. Die modellhafte Vereinfachung betrifft die Ausbreitung einer kreisrunden Wasserkontaktfläche in einem homogenen kapillarporösen Baustoff. Die seitlichen Effekte bei der Prüfung von heterogenen Konstruktionen wie Sichtmauerwerk

Abbildung 5.9: Durchfeuchtungszone (blaue Linie) einer mittels WAM beanspruchten Sichtmauerwerksfassade, die Wasserkontaktfläche ist schwarz dargestellt.

können damit lediglich abgeschätzt werden. Dennoch erscheint es sinnvoll, diesen ingenieurmäßigen Ansatz auch an dieser Stelle anzuwenden. Denn trotz der abweichenden Geometrie des Durchfeuchtungskörpers verhalten sich die Saugrichtungsvektoren, insbesondere bei kleinen Eindringtiefen, grundsätzlich ähnlich. Dazu zeigt Abbildung 5.9 beispielhaft die Umrisse der Feuchtefront, einer mittels Wasseraufnahmemessgerät (WAM) untersuchten Sichtmauerwerksfassade. Auch wenn sich die dreidimensionale Feuchteausbreitung nicht gleichmäßig um die Wasserkontaktfläche herum ausbreitet, so zeigt sich ein im Mittel vorhandener Effekt. Entsprechend erscheint die Anwendung von Gleichung 5.14 auch bei Sichtmauerwerk prinzipiell sinnvoll.

$$m_{3D}(t) = A_w \cdot t^{0,5} + \frac{{A_w}^2 \cdot t \cdot \gamma}{(\theta_{cap} - \theta_{50}) \cdot \rho_w \cdot \bar{R}} \qquad [\mathrm{kg} \cdot \mathrm{m}^{-2}] \tag{5.14}$$

Speziell bei der Anwendung von Gleichung 5.14 mittels WAM zeigt sich ein vernachlässigbarer Fehler, der bei der Abschätzung der Parameter $(\theta_{cap} - \theta_{50})$, γ und $\bar{R}$ auftritt. Bei der Berücksichtigung der dreidimensionalen Randeffekte, die bei der Anwendung des WAM auftreten, können für diese Parameter vereinfachend angenommen werden:

$$\begin{aligned} &\theta_{cap} - \theta_{50} = 0,206 \quad [\mathrm{m}^3 \cdot \mathrm{m}^{-3}] \quad ; \quad \gamma = 0,7 \quad [-] \quad \text{und} \\ &\bar{R} = (a \cdot b \cdot \pi^{-1})^{0,5} \quad [\mathrm{m}]. \end{aligned} \tag{5.15}$$

5.4 Methodenvergleich zwischen Laborverfahren und Wasseraufnahmemessgerät

Für die Validierung des entwickelten Wasseraufnahmemessgeräts (WAM) unter Laborbedingungen wird in diesem Abschnitt ein Methodenvergleich durchgeführt. Darin werden Messergebnisse aus der Labormethode nach DIN EN ISO 15148 [2016] und Messergebnisse des WAM in einer Passing-Bablock-Regression nach Passing and Bablok [1983] gegenübergestellt. Für den Vergleich wurden Wasseraufnahmekoeffizienten von verschiedenen Baustoffen mit beiden Methoden unter vergleichbaren Randbedingungen bestimmt. Für die Beschreibung der Messdaten des WAM lassen sich die Ergebnisse aus den Abschnitten 5.2

und 5.3 wie folgt zusammenfassen:

$$\overbrace{m_{WAM,3D}(t)}^{Messsignal\,des\,WAM} = \overbrace{0,00108 \cdot t^{0,5} + 0,21868}^{Kalibrierfunktion} + \overbrace{m_{WAM}(t)}^{Wasseraufnahme\,1D} + \underbrace{\frac{m_{WAM}(t)^2 \cdot \gamma}{(\theta_{cap} - \theta_{50}) \cdot \rho_w \cdot \bar{R}}}_{Randeffekte} \quad [\mathrm{kg} \cdot \mathrm{m}^{-2}]. \tag{5.16}$$

Bei der Auswahl der Baustoffe wurde auf eine möglichst große Bandbreite an resultierenden Wasseraufnahmekoeffizienten in einem insbesondere für Fassadenbaustoffe sinnvollen Wertebereich, geachtet. Dabei wurden vier verschiedene Betone mit je verschiedenen Rezepturen, ein Kalksandstein und zwei Porenbetone verschiedener Rohdichten ausgewählt. Die Probekörper sind stets fugenlos und haben je eine Prüffläche, die die Beanspruchungsfläche des WAM von $51 \cdot 40\,[\mathrm{cm}]$ überragt. Ein Teil der geprüften Baustoffproben sind in Abbildung 5.10 ⓐ zu sehen. Abbildung 5.10 zeigt auch die Durchführung der Messung an einem großformatigen Porenbetonblock nach DIN EN ISO 15148 [2016] in Bildabschnitt ⓑ. Dabei wird der Probekörper mit einem Kran aus dem Wasserbad (links im Bild) auf eine Schwerlastwaage gehoben (mittig im Bild). Ferner zeigt Abbildung 5.10 ⓓ die benetzte Fläche eines Porenbetonblockes nach einer Beanspruchung mittels WAM. Für vergleichbare Ausgangsbedingungen wurden die verschiedenen Proben vor jeder Einzelprüfung vorkonditioniert. Dabei erfolgte eine Trocknung bei bis zu $105\,[^\circ\mathrm{C}]$ und anschließender Konditionierung bei Umgebungsbedingungen von $20\,[^\circ\mathrm{C}]$ und $50\,[\%\mathrm{RH}]$ bis zur Massekonstanz von $0,1\,[\mathrm{M}-\%]$. Bei der Versuchsdurchführung erfolgte schließlich die Messung der kapillaren Wasseraufnahme der großformatigen Probekörper abwechselnd mit

Tabelle 5.1: Hygrische Basisdaten der untersuchten Materialproben und Ergebnisse des Methodenvergleichs zwischen Laborverfahren und Wasseraufnahmemessgerät

	ρ $[\mathrm{kg} \cdot \mathrm{m}^{-3}]$	θ_{50} $[\mathrm{m}^3 \cdot \mathrm{m}^{-3}]$	θ_{cap} $[\mathrm{m}^3 \cdot \mathrm{m}^{-3}]$	A_w $[\frac{\mathrm{kg}}{\mathrm{m}^2 \cdot \mathrm{s}^{0,5}}]$	$A_{w,WAM}$ $[\frac{\mathrm{kg}}{\mathrm{m}^2 \cdot \mathrm{s}^{0,5}}]$
Beton 1	2197	0,032	0,133	0,009	0,010
Beton 2	2110	0,034	0,154	0,015	0,017
Beton 3	2080	0,031	0,140	0,010	0,008
Beton 4	2061	0,044	0,185	0,017	0,018
Kalksandstein 1	1938	0,014	0,218	0,056	0,057
Kalksandstein 2	1941	0,014	0,215	0,055	0,055
Porenbeton 1	407	0,017	-	0,061	0,062
Porenbeton 2	655	0,024	-	0,061	0,063

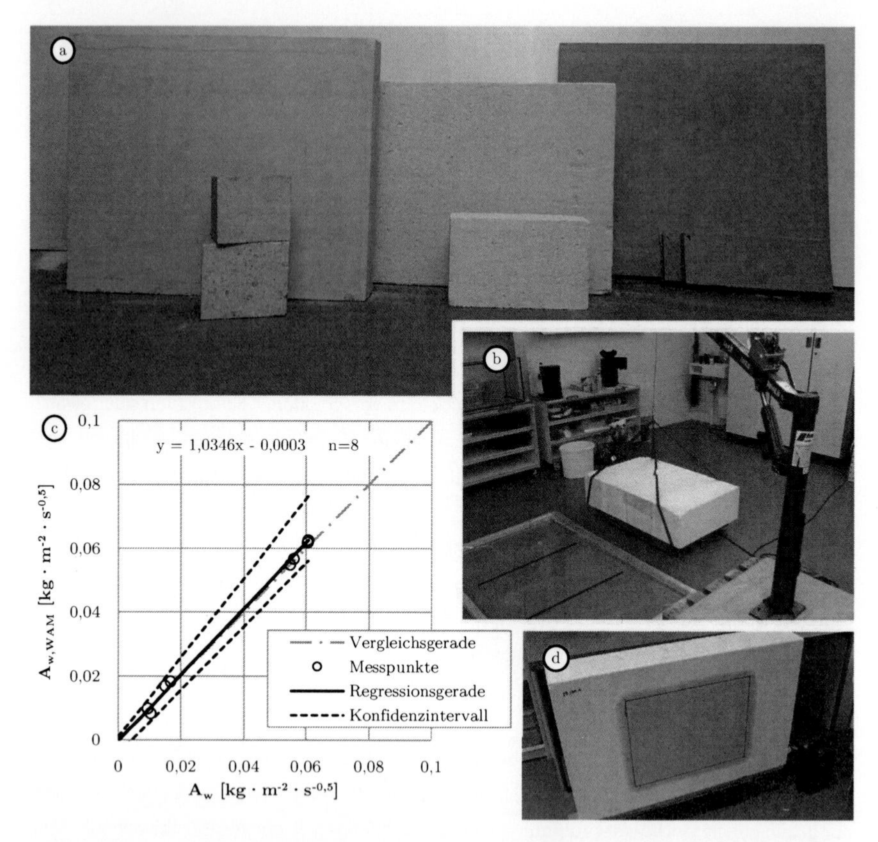

Abbildung 5.10: Methodenvergleich zwischen Laborverfahren und Wasseraufnahmemessgerät (WAM) mit ⓐ: einer Übersicht der verwendeten Materialien Kalksandstein, Porenbeton und Beton, ⓑ: dem Laborexperiment an einem großformatigen Probekörper, ⓒ: den Ergebnissen der Passing-Bablock-Regression und ⓓ: der benetzten Oberfläche auf Porenbeton nach Prüfung mittels WAM

beiden Methoden. Die Dauer der Einzelprüfungen wurde für beide Methoden auf $60\,[\mathrm{min}]$ begrenzt. Aus der gemessenen Wasseraufnahme je Flächeneinheit, aufgetragen über die Wurzel der Versuchszeit, erfolgte schließlich die Bestimmung der Wasseraufnahmekoeffizienten mit beiden Methoden. Dabei erfolgte die Auswertung der Messdaten des WAM mithilfe von Gleichung 5.16. Die Grenzen des Regressionsbereiches für die Bestimmung des Wasseraufnahmekoeffizienten wurde für beide Methoden einheitlich ausgewählt. Als Ergebnis wurden der Mittelwert aus je vier Einzelprüfungen je Methode und Materialprobe gebildet. Die gemessenen Wasseraufnahmekoeffizienten der Baustoffproben wurden schließlich in einer Passing-Bablock-Regression gegenübergestellt. Der Bildabschnitt ⓒ in Abbildung 5.10 zeigt deren Ergebnisse. Die resultierende Steigung der Regressionsgeraden von $\beta = 1,035$ deutet auf eine schwach wachsende Messdifferenz zwischen beiden Verfahren hin. Dennoch liegt die Regressionsgerade nahe an der Vergleichsgerade. Auch befindet sich die Vergleichsgerade im Vertrauensbereich der Regressionsgeraden. Der Schnittpunkt der Regressionsgeraden mit der Y-Achse bei $\alpha = 0,0003$ $[\mathrm{kg} \cdot \mathrm{m}^{-2} \cdot \mathrm{s}^{-0,5}]$ zeigt eine vernachlässigbare systematische Messdifferenz zwischen beiden Verfahren. Tabelle 5.1 zeigt eine Übersicht der bestimmten hygrischen Kennwerte der untersuchten Baustoffproben. Neben dem Vergleich der mittleren gemessenen Wasseraufnahmekoeffizienten aus beiden Verfahren zeigt Abbildung 5.11 die Gegenüberstellung vom gemessenen Wasseraufnahmekoeffizienten mit dessen Standardabweichung. Dabei bewegt sich die Standardabweichung des WAM geringfügig oberhalb der des Laborverfahrens.

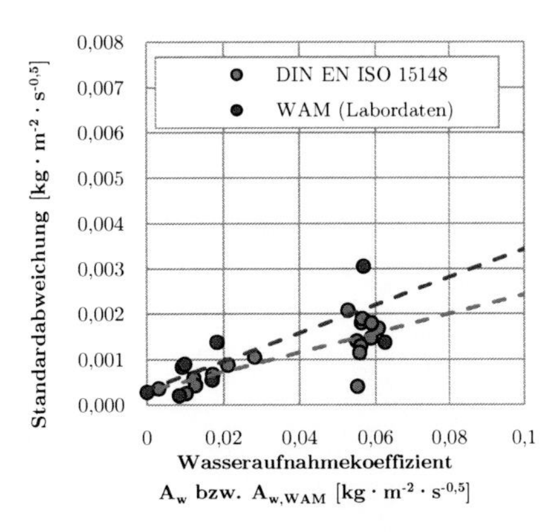

Abbildung 5.11: Standardabweichung der nach DIN EN ISO 15148 und mittels WAM geprüften Probekörper, aufgetragen über den mittleren Wasseraufnahmekoeffizienten der jeweiligen Probekörper

5.5 Zusammenfassung

Die Messergebnisse des entwickelten Wasseraufnahmemessgeräts (WAM) und die der Labormethode nach DIN EN ISO 15148 [2016] wurden in diesem Kapitel gegenübergestellt. Dafür wurden zunächst Kalibrierverluste das WAM in einem Kalibrierexperiment bestimmt. Eine daraus bestimmte Funktion beschreibt Wasserverluste, die das Messsystem während einer Untersuchung abschätzend verlassen. Aufbauend auf einem vereinfachten Ansatz erfolgte ferner die Untersuchung von Einflüssen einer seitlichen Feuchteausbreitung. Auch dort erfolgte die Abschätzung mit einem funktionalen Zusammenhang. Unter Berücksichtigung von sowohl Kalibrierverlusten, als auch der seitlichen Feuchteausbreitung konnten aus den Messdaten des WAM Wasseraufnahmekoeffizienten $A_{w,WAM}$ $[\mathrm{kg} \cdot \mathrm{m}^{-2} \cdot \mathrm{s}^{-0,5}]$ gebildet und denen der Labormethode nach DIN EN ISO 15148 [2016] gegenübergestellt werden. In einer Versuchsreihe erfolgte die Prüfung verschiedener Materialproben mit beiden Verfahren. Die Ergebnisse zeigen eine gute Übereinstimmung beider Methoden.

6 Validierung unter In-situ-Bedingungen

Die Ergebnisse aus dem Kapitel 5 zeigen eine prinzipielle Vergleichbarkeit der Messergebnisse zwischen klassischem Laborexperiment nach DIN EN ISO 15148 [2016] und denen des entwickelten Wasseraufnahmemessgeräts (WAM) unter Laborbedingungen. Die primäre Anwendung des WAM erfolgt jedoch in situ an Fassaden. Dabei auftretende Rand- und Ausgangsbedingungen unterscheiden sich zum Teil deutlich von denen im Labor. Dazu zählen insbesondere abweichende Umgebungstemperaturen, erhöhte Startfeuchtegehalte der Fassadenbaustoffe oder der Einfluss aus Rissen und dem Zusammenspiel von verschiedenen Baustoffen. Die Applikation eines Prüfdruckes zur Simulation der Windstaudruckwirkung bei Schlagregenereignissen beeinflusst das Wasseraufnahmeexperiment zusätzlich. Ferner zeigen sich innerhalb einer Gebäudefassade zum Teil große Unterschiede in den kapillaren Transporteigenschaften der Fassadenbaustoffe. Die veränderten Rand- und Ausgangsbedingungen führen dabei unweigerlich zu abweichenden Messergebnissen des Wasseraufnahmekoeffizienten in situ gegenüber der Laborprüfung. Ziel dieses Kapitels ist es daher, die Messabweichung des WAM unter Einsatzbedingungen abzuschätzen und denen unter Laborbedingungen gegenüberzustellen. Dafür erfolgen Untersuchungen zu verschiedenen Einflüssen, die bei der Anwendung des Wasseraufnahmemessgeräts im Feld zusätzlich dessen Messergebnis beeinflussen können. In einer Stichprobenanalyse wurde das Wasseraufnahmeverhalten verschiedener Fassadenbereiche wiederholt mit dem WAM untersucht. Die Gegenüberstellung mit den zusätzlich gemessenen Rand- und Ausgangsbedingungen ermöglicht deren Einfluss auf die Messergebnisse der In-situ-Methoden zu identifizieren, abzuschätzen und zu bewerten. Die statistische Auswertung von Messergebnissen verschiedener Fassadenflächen erlaubt schließlich die Abschätzung der unter realen Randbedingungen voraussichtlich auftretenden Messunsicherheiten. Zusätzlich wurden Materialproben entnommen, im Labor untersucht und den in situ gemessenen Daten gegenübergestellt. Als Datengrundlage dienen Messergebnisse an insgesamt drei verschiedenen Fassadenkonstruktionen.

6.1 Statistische Auswertungsmethode

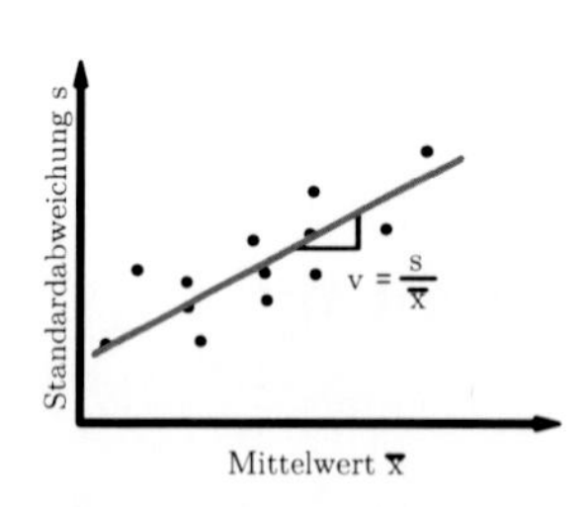

Abbildung 6.1: Bestimmung des empirischen Variationskoeffizienten v als das mittlere Verhältnis der Standardabweichung s zum arithmetischen Mittelwert $\overline{x}$

Für die Abschätzung der Messunsicherheit des Wasseraufnahmemessgeräts (WAM) unter Einsatzbedingungen wird eine statistische Auswertungsmethode angewendet. Dabei wird von der folgenden Vorstellung ausgegangen: Eine definierte Fassadenfläche wird wiederholt mittels Wasseraufnahmemessgerät untersucht. Verschiedene variable Einflussfaktoren, wie die Wassertemperatur, der Startfeuchtegehalt der Fassadenbaustoffe oder die Messunsicherheit des Geräts selbst, beeinflussen dabei den arithmetischen Mittelwert sowie die empirische Standardabweichung der wiederholt gemessenen Wasseraufnahmekoeffizienten $A_{w,WAM}$ dieser Fassadenfläche. Die Verteilungsfunktion wird dabei als normalverteilt angenommen. Bei einer vergleichbar großen Stichprobe können die ermittelten Standardabweichungen verschiedener mittels WAM untersuchter Fassadenflächen miteinander verglichen werden. Bei einer ausreichend großen Anzahl an wiederholt untersuchten Fassadenflächen lässt sich analog Abbildung 6.1 der Variationskoeffizient v $[-]$ als das Verhältnis von Standardabweichung s zum Mittelwert $\overline{x}$ bestimmen. Der Variationskoeffizient beschreibt die relative Messunsicherheit und hängt nicht von der Maßeinheit ab. Der Schnittpunkt der in Abbildung 6.1 dargestellten linearen Regressionsgeraden mit der Y-Achse beschreibt die Standardmessunsicherheit des Verfahrens, unabhängig von variablen Einflussfaktoren. Durch eine veränderte Auswertung der Datengrundlage, beispielsweise durch eine rechnerische Berücksichtigung der Wassertemperatur oder des Startfeuchtegehalts, verändern sich gleichzeitig die daraus berechneten arithmetischen Mittelwerte und die empirischen Standardabweichungen der verschiedenen Fassadenflächen. Die Variationskoeffizienten können so für verschiedene Auswertungsalgorithmen und Untersuchungsmethoden gegenübergestellt werden.

6.2 Versuchsobjekte

In den folgend dargestellten Untersuchungen wurde das Wasseraufnahmeverhalten der Baustoffe von insgesamt drei verschiedenen Fassadenkonstruktionen untersucht. Abbildung 6.2 zeigt die untersuchten Objekte. Dazu zählt eine wasserabweisende Putzfassade

Abbildung 6.2: Übersicht der untersuchten Fassadenkonstruktionen mit ⓐ: einem Dünnschichtputzsystem auf EPS-WDVS, ⓑ: einer hydrophobierten Sichtmauerwerksfassade, ⓒ: einer mineralisch verputzten Fassade mit saugfähigem Grundputz als Oberputz.

als Dünnschichtputzsystem (siehe Abbildung 6.2 im Bildabschnitt ⓐ). Weiterhin untersucht wurden eine schlämmverfugte und hydrophobierte Sichtmauerwerksfassade (siehe Abbildung 6.2 im Bildabschnitt ⓑ) sowie eine saugfähige Putzfassade (siehe Abbildung 6.2 im Bildabschnitt ⓒ). Die Auswahl der Fassaden erfolgte aufgrund von verschiedenen Argumenten. So sind sowohl Sichtmauerwerk als auch verputzte Fassaden untersucht worden. Ferner verteilen sich die Ergebnisse der aus den Messdaten bestimmten Wasseraufnahmekoeffizienten weitgehend gleichmäßig über einen für schlagregensichere Fassadenkonstruktionen typischen Wertebereich. Diese repräsentative Auswahl soll insbesondere die Übertragbarkeit von gewonnenen Erkenntnissen auf vergleichbare Fassadenkonstruktionen ermöglichen. Um Veränderungen in der Porenstruktur der Baustoffe infolge nicht vollständig abgeschlossener Abbindevorgänge oder Auswaschungsprozesse zu minimieren, wurden in den Untersuchungen Fassadenbereiche ausgewählt, die bereits seit mehreren Jahren einer natürlichen Bewitterung ausgesetzt waren. Dadurch soll erreicht werden, dass sich die Fassadenbaustoffe durch die hohe Beanspruchung des WAM möglichst kaum verändern.

Das Ziel ist eine möglichst hohe Vergleichbarkeit von Wiederholungsmessungen an identischen Prüfflächen.

6.2.1 Dünnschichtputz

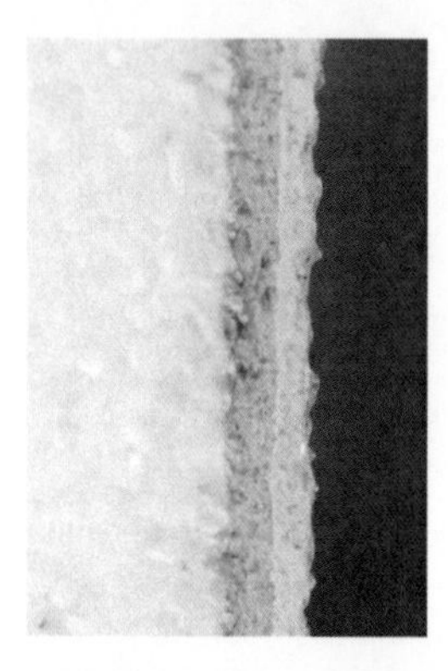

Abbildung 6.3: Schichtaufbau des untersuchten Dünnschichtputzsystems

Eine der im Rahmen dieser Arbeit untersuchten Fassadenkonstruktion betrifft ein im Jahr 2003 aufgebrachtes Wärmedämmverbundsystem mit Dünnschichtputzsystem (siehe Abbildung 6.2 im Bildabschnitt ⓐ). Der Putz besteht aus einem mineralischen Armierungsputz mit Gewebeeinlage $d = 3\,[\mathrm{mm}]$ und einem organischen Silikatputz als Scheibenputz $d = 2 - 3\,[\mathrm{mm}]$ (vgl. Schnitt in Abbildung 6.3). Der nach Westen wetterseitig ausgerichtete Fassadenabschnitt befindet sich in exponierter Lage auf dem Dach des vierstöckigen Laborgebäudes der Hochschule für Technik, Wirtschaft und Kultur Leipzig (HTWK Leipzig). Aufgrund von Abwaschungen aus vergangenen Schlagregenereignissen liegt die Kornstruktur des Oberputzes teilweise frei (vgl. Abbildung 6.4 Bildabschnitt ⓒ). Ferner weist die Putzoberfläche partiell Risse mit einer Rissweite zwischen $0,1$ und $0,2\,[\mathrm{mm}]$ auf. In den Bildabschnitten ⓐ und ⓒ der Abbildung 6.4 zeigt sich ein mikrobieller Befall der Putzoberfläche. Im Zeitraum von April 2016 bis August 2018 wurde nun das Wasseraufnahmeverhalten des Putzsystems wiederholt an verschiedenen Messstellen in situ bestimmt. Hierfür kam die Technologie des Wasseraufnahmemessgeräts insgesamt 63 mal an 7 verschiedenen Messstellen zum Einsatz. Bei den In-situ-Untersuchungen wurden etwa ein Drittel der Messungen binnen 24 Stunden nach einem Regenereignis durchgeführt. Ferner erfolgten die Messungen bei verschiedenen Außenlufttemperaturen in einem Bereich von 0 bis $35\,[^{\circ}\mathrm{C}]$ sowie einer relativen Luftfeuchtigkeit von 32 bis $87\,[\%\mathrm{RH}]$. An aus der Fassadenfläche entnommenen Materialproben erfolgten Referenzuntersuchen mit der Labormethode nach DIN EN ISO 15148 [2016]. Tabelle 6.1 zeigt eine Übersicht des Schichtenaufbaus der Fassadenkonstruktion sowie ausgewählte hygrische Materialeigenschaften.

Tabelle 6.1: Schichtaufbau und wesentliche hygrische Materialdaten des untersuchten Dünnschichtputzsystems

	d [mm]	A_w $[kg \cdot m^{-2} \cdot s^{-0,5}]$	θ_{cap} $[m^3 \cdot m^{-3}]$	μ_{dry} $[-]$	Detail
1 Farbschicht	0-0,1	-	-		①
2 Oberputz	2-3	0,027	0,315	26 (für 1–3)	②
3 Unterputz	3	0,006	0,245		③
4 EPS	80	-	-	-	④

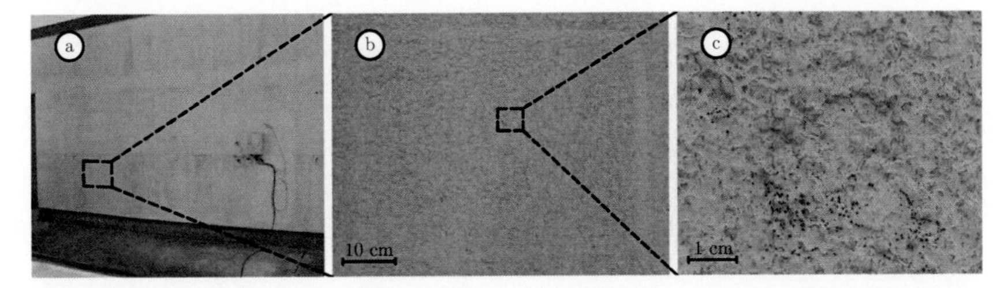

Abbildung 6.4: Detailansicht der untersuchten Fassade mit Dünnschichtputzsystem mit drei Darstellungsgrößen, wobei ⓐ die Ansicht der untersuchten Fassadenfläche, ⓑ eine WAM-Prüffläche und ⓒ die Oberflächenstruktur zeigen.

6.2.2 Sichtmauerwerk

In dem Versuchsprogramm wurde auch eine historische Sichtmauerwerk-Fassadenkonstruktion untersucht (siehe Abbildung 6.2 im Bildabschnitt ⓑ). Das in den Jahren 1926/27 errichtete Gebäude steht in Leipzig und wurde zuletzt im Jahr 2007 kernsaniert. Die einschalige Wand zeigt außenseitig ein gelbes Klinkermauerwerk. Die Fassade ist im Binderverband, je abwechselnd mit halben und Viertelsteinen errichtet worden. Die Verfugung ist in einer durchschnittlichen Breite von 8 $[mm]$, und einem Fugenanteil von ca. 15 $[\%]$ ausgeführt. Etwa jede vierte Reihe ist als gestalterisches Element mit roten Klinkern gemauert. Bei der vergangenen Sanierung erfolgte auch eine Restaurierung der steinsichtigen Fassade. Dabei wurden Teile der alten Verfugung ausgeräumt und im Schlämmverfahren erneuert. Die Dicke der Fugenschlämme bewegt sich dabei in einem Bereich zwischen 1 und 8 $[mm]$. Die Fassadenbaustoffe sind zusätzlich mit einer nachträglichen hydrophobierenden Imprägnierung ausgestattet. Die bei der Imprägnierung erzielte Eindringtiefe bewegt sich bei den Klinkern in einem Bereich von 1 bis 5 $[mm]$. Im Bereich der Fassadenoberfläche sind vereinzelt kleinere Risse in den Baustoffen bzw. Flankenabrisse zwischen Klinkern und Fugenmörtel optisch sichtbar (vgl. Abbildung 6.5). Von März bis Juni 2017 wurde die Fassadenoberfläche mittels Wasseraufnahmemessgerät (WAM) an sechs verschiedenen Messstellen wiederholt – insgesamt 96 mal – geprüft. Drei der geprüften Messstellen sind an der Süd- und drei an der Ostfassade angeordnet. Die bei den In-situ-Messungen aufgetretenen Randbedingungen der umgebenden Luft bewegte sich in einem Temperaturbereich zwischen $9,8$ und $31,3$ $[°C]$ bei einer relativen Luftfeuchtigkeit zwischen 32 und 78 $[\%RH]$. Tabelle 6.2 zeigt eine Übersicht des Konstruktionsaufbaus der Fassade sowie ausgewählte hygrische Materialeigenschaften der Fassadenbaustoffe.

Tabelle 6.2: Schichtaufbau und wesentliche hygrische Materialdaten der untersuchten Sichtmauerwerksfassade

	d [mm]	A_w $[kg \cdot m^{-2} \cdot s^{-0,5}]$	θ_{cap} $[m^3 \cdot m^{-3}]$	Detail
1 Fugenmörtel	1-8	-	-	
2 Sichtklinker	5-12	0,001-0,004	0,10-0,16	
3 Hintermauermörtel	-	>0,1	-	

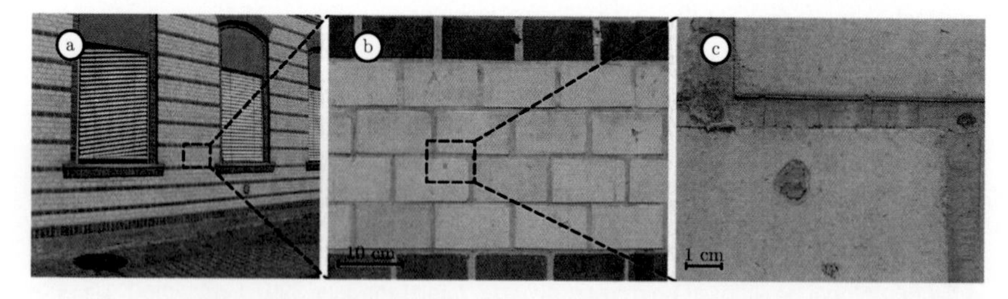

Abbildung 6.5: Detailansicht der untersuchten Sichtmauerwerk-Fassade mit drei Darstellungsgrößen, wobei ⓐ die Ansicht der untersuchten, nach Süden ausgerichteten Fassadenfläche, ⓑ eine WAM-Prüffläche und ⓒ die Oberflächenstruktur im Detail zeigen.

6.2.3 Dickputz

Ein weiteres Untersuchungsobjekt betrifft einen im Jahr 2010 verputzten, ca. $3,0$ mal $2,5$ $[m]$ großen Fassadenabschnitt (siehe Abbildung 6.2 im Bildabschnitt ⓒ). Die Fassade steht in Leipzig, befindet sich auf Höhe der Hochparterre eines dreistöckigen Gebäudes und ist wetterseitig nach Westen ausgerichtet. Die Putzschicht besteht aus einem MGIIa Kalkzement-Grundputz und ist durchschnittlich 10 $[\mathrm{mm}]$ dick. Der Putz ist auf Hochloch-Ziegelmauerwerk aufgebracht. Die Oberfläche der Putzfassade weist eine Reihe von kleineren Rissen mit Rissweiten zwischen $0,1$ bis $0,5$ $[\mathrm{mm}]$ auf (siehe dazu Abbildung 6.6 Bildabschnitt ⓒ). Die verschiedenen untersuchten Messflächen zeigen je verschiedene Rissdichten. Abbildung 6.6 zeigt die Fassadenoberfläche im Detail. Von Juli 2017 bis April 2018 wurde das Wasseraufnahmeverhalten insgesamt 115 mal an fünf verschiedenen Prüfstellen in situ mittels Wasseraufnahmemessgerät untersucht. Tabelle 6.3 zeigt den Schichtaufbau und einige hygrische Materialeigenschaften der untersuchten Fassadenkonstruktion.

Tabelle 6.3: Schichtaufbau und wesentliche hygrische Materialdaten des untersuchten Dickputzes

	d $[\mathrm{mm}]$	A_w $[\mathrm{kg \cdot m^{-2} \cdot s^{-0,5}}]$	θ_{cap} $[\mathrm{m^3 \cdot m^{-3}}]$	Detail
1 Putz	8-12	0,045-0,075	0,18-0,22	①
2 Mauerwerk	240	-	-	②

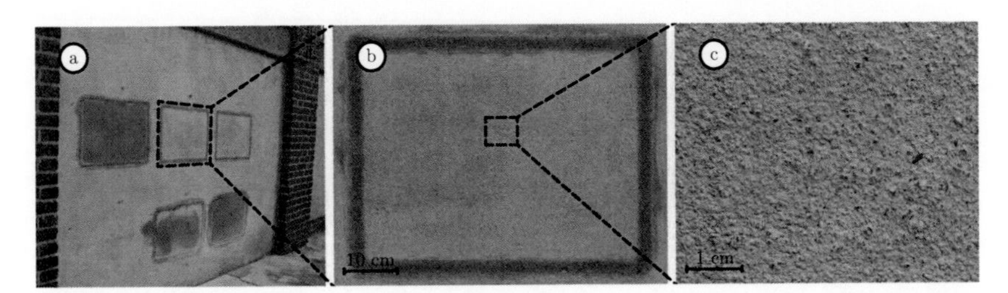

Abbildung 6.6: Detailansicht der untersuchten Putzfassade (Dickputz) mit drei Darstellungsgrößen, wobei ⓐ die Ansicht der untersuchten Fassadenfläche, ⓑ eine WAM-Prüffläche und ⓒ die Oberflächenstruktur im Detail zeigen.

6.3 Beschreibung der Versuchsreihen

An den drei Messobjekten wurde nun das Wasseraufnahmeverhalten untersucht. Die Prüfungen erfolgten an aus den Fassaden entnommenen Proben im Labor sowie in situ mithilfe des entwickelten Wasseraufnahmemessgeräts (WAM). Laboruntersuchungen erfolgten in

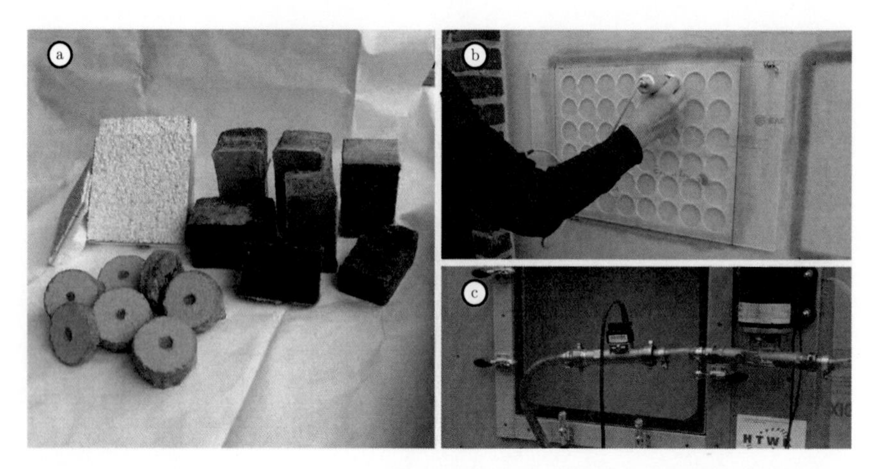

Abbildung 6.7: ⓐ: Teile der aus den untersuchten Fassadenflächen entnommenen Materialien mit Proben des Dünnschichtputzsystems (hinten links), der Sichtmauerwerksfassade (rechts) und des Dickputzes (vorn links), ⓑ: Schablone für die Messung der Materialfeuchte mittels Mikrowellenfeuchtesensoren und ⓒ: kombinierter Wassertemperatur und Durchflusssensor des Wasseraufnahmemessgeräts

Anlehnung an das standardisierte Verfahren nach DIN EN ISO 15148 [2016] unter konstanten Randbedingungen. Die Dauer der Prüfung wurde bei beiden Methoden auf 60 $[\mathrm{min}]$ begrenzt. Abbildung 6.7 Bildabschnitt ⓐ zeigt einen Teil der an den Fassaden entnommenen Proben. Bei der Durchführung des Laborverfahrens wurden die Proben im 5-$[\mathrm{min}]$-Takt aus dem Wasserbad entnommen und gewogen. Die Datenaufzeichnung des WAM erfolgte im Sekundentakt. Die Durchführung der In-situ-Messungen erfolgte teilweise mit Anwendung eines Prüfdruckes. Neben der Prüfung des Wassereindringverhaltens mittels WAM, erfolgte auch die Bestimmung der Feuchtegehalte der Fassadenbaustoffe mittels Mikrowellenfeuchtesonden nach Göller [2007] je vor und nach einer Beanspruchung durch das WAM (siehe Abbildung 6.7 Bildabschnitt ⓑ). Ferner werden dabei auch die Wassertemperatur sowie Außenlufttemperatur und relative Luftfeuchtigkeit aufgezeichnet. Siehe dazu in Abbildung 6.7 Bildabschnitt ⓑ den Sensor für die kontinuierliche Abfrage der Wassertemperatur des WAM. Im durchgeführten Versuchsprogramm erfolgten Untersuchungen zum Wasseraufnahmeverhalten ohne sowie mit verschiedenen Prüfdrücken von ca. 50, 100 und 200 $[\mathrm{Pa}]$. Der Differenzdruck zwischen dem Prüfkammerraum und der Außenumgebung wird dabei zusätzlich aufgezeichnet. Tabelle 6.4 zeigt eine Übersicht der angewendeten Verfahren und Varianten sowie die Anzahl der verwendeten Messstellen und die Anzahl der Wiederholungsmessungen je Messstelle und Variante. Das In-situ-Messkonzept beinhaltet konstante

Tabelle 6.4: Übersicht der durchgeführten Untersuchungen an den drei Fassadenkonstruktionen*

	Dünnschicht-putzsystem	Sichtmauer-werk	Dickputz
DIN EN ISO 15148	6x4	7x4	6x4
WAM	7x4	6x4	5x18
WAM_{50}**	-	6x4	-
WAM_{100}**	7x4	6x4	5x4
WAM_{200}**	7x1	6x4	5x1

* Die Werte sind dargestellt als „Anzahl der Messstellen bzw. Probekörper" x „Anzahl der Wiederholungsprüfungen je Messstelle"

** Messung mit Wasseraufnahmemessgerät bei verschiedenen Prüfdrücken von 50, 100 und 200 [Pa]

und variable Versuchsparameter. Zu den konstanten Versuchsparametern zählen die Materialeigenschaften und die strukturelle Beschaffenheit der wiederholt geprüften Messstellen. Das heißt, die verschiedenen Messstellen weisen bei jeder Wiederholungsmessung stets die gleichen Fassadenbaustoffe, Fehlstellen, Risse, Fugenanteile oder sonstige Inhomogenitäten auf. Die im In-situ-Messkonzept enthaltenen variablen Versuchsparameter umfassen die Untersuchung von verschiedenen Fassadenkonstruktionen, die Messung verschiedener Messflächen je Fassade, die Prüfung mit verschiedenen Prüfdrücken, verschiedene Startfeuchtegehalte der Fassadenbaustoffe und verschieden auftretende klimatische Randbedingungen während der einzelnen In-situ-Messungen.

6.4 Messergebnisse

Im Folgenden sind Messergebnisse des zuvor beschriebenen Versuchsprogramms für die drei verschiedenen Fassaden aufgeführt. Die Daten sind grafisch dargestellt, analysiert und dienen in den anschließenden Abschnitten als Grundlage für die Untersuchung von Einflüssen auf bzw. für die Validierung des entwickelten Wasseraufnahmemessgeräts (WAM) unter In-situ-Randbedingungen. Zu den in diesem Teilabschnitt dargestellten Daten zählen die mit dem Laborverfahren nach DIN EN ISO 15148 [2016] (DIN) und mittels Wasseraufnahmemessgerät (WAM) gemessene Wasseraufnahme als Datenreihen über die Zeit $m(t)$ bzw. $m_{WAM}(t)$ $[\mathrm{kg} \cdot \mathrm{m}^{-2}]$ sowie die daraus in separaten Regressionsanalysen bestimmten Wasseraufnahmekoeffizienten (A_w und $A_{w,WAM}$ $[\mathrm{kg} \cdot \mathrm{m}^{-2} \cdot \mathrm{s}^{-0,5}]$).

6.4.1 Dünnschichtputz

Abbildung 6.8 zeigt Messdaten der Wasseraufnahmeversuche für die untersuchte Dünnschichtputzfassade. Über den gesamten Betrachtungszeitraum von ca. 1 $[h^{0,5}]$ zeigt keine der Datenreihen einen eindeutig linearen Verlauf im Wurzelzeitmaßstab. Bei der Untersuchung des Wasseraufnahmeverhaltens des betrachteten Putzaufbaus – bestehend aus Farbschicht, Ober- und Unterputz – ergeben sich zwei Saugbereiche sowie ein Übergangsbereich (vgl. Abbildung 6.8 Bildabschnitt ⓐ). Bezugnehmend auf Untersuchungen in Schwarz [1972], Wilson et al. [1995], Holm et al. [1996], Guimarães et al. [2015] und Feng and Janssen [2018] wird das gemessene Verhalten wie folgt interpretiert: Im ersten Bereich nimmt der Oberputz rasch Feuchtigkeit auf. Dabei entsteht der Bereich 1, in dem sich die Wasseraufnahme weitgehend linear zur Wurzel der Zeit darstellt. Bei Erreichen der Grenzschicht zwischen Ober- und Unterputz durch die vordringende Flüssigwasserfront reduziert sich die Wasseraufnahmerate stetig bis zum Erreichen eines zweiten linearen Bereiches. Dieser Bereich 2 steht in Abhängigkeit der Materialeigenschaften des Unterputzes. Die Länge des Übergangsbereiches hängt ab von der Gleichmäßigkeit der Schichtdicke und der Porenstruktur des Oberputzes. Die mittlere Neigung der Wasseraufnahme über die

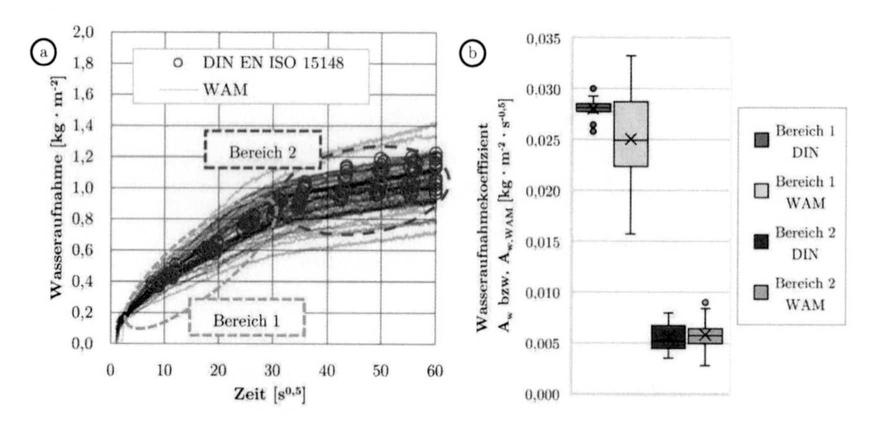

Abbildung 6.8: Messdaten der Wasseraufnahme des Dünnschichtputzsystems, gemessen im Labor nach DIN EN ISO 15148 [2016] (DIN) und in situ mit dem Wasseraufnahmemessgerät (WAM). Der Bildabschnitt ⓐ zeigt die je Flächeneinheit aufgesaugte Wassermenge aufgetragen über die Wurzelzeit sowie die dabei entstehenden Bereiche 1 und 2. Bildabschnitt ⓑ zeigt die Verteilungen der aus den Messdaten generierten Wasseraufnahmekoeffizienten für beide Messverfahren (A_w und $A_{w,WAM}$ $[\mathrm{kg} \cdot \mathrm{m}^{-2} \cdot \mathrm{s}^{-0,5}]$) und beide Saugabschnitte (Bereich 1 und 2).

Wurzel der Zeit im Bereich 1 ergibt somit den Wasseraufnahmekoeffizienten des Oberputzes. Für den Bereich 2 steht die mittlere Neigung der Wasseraufnahme über die Wurzel der Zeit im Zusammenhang mit dem Wasseraufnahmekoeffizienten des Unterputzes. Der Zeitpunkt des Bereichswechsels wird dabei maßgeblich durch die Dicke des Oberputzes bestimmt und wird im Rahmen dieser Untersuchungen nicht weiter betrachtet. Abbildung 6.8 Bildabschnitt ⓐ zeigt den Verlauf der Wasseraufnahme über die Wurzel der Zeit für beide Bereiche aller gemessenen Einzeluntersuchungen. Der Übergang vom ersten zum zweiten Saugbereich bewegt sich zwischen 24 und 36 $[s^{0,5}]$. Messwerte der Labormethode nach DIN EN ISO 15148 [2016] und des WAM zeigen einen ähnlichen Verlauf. In separaten Regressionsanalysen erfolgte nun die Berechnung von Wasseraufnahmekoeffizienten A_w und $A_{w,WAM}$ $[\mathrm{kg} \cdot \mathrm{m}^{-2} \cdot \mathrm{s}^{-0,5}]$ beider Bereiche für alle durchgeführten Einzeluntersuchungen. Abbildung 6.8 Bildabschnitt ⓑ zeigt deren Verteilung im Box-Plot-Format und vergleicht Ergebnisse der Labormethode nach DIN EN ISO 15148 [2016] mit den Ergebnissen aus den Messdaten des WAM. Messwerte, die weit vom Mittelwert abweichen, wurden in die Betrachtungen bewusst einbezogen, um extreme Effekte auf die Messergebnisse berücksichtigen zu können. Im Bereich 1 zeigen sich große Unterschiede in den Ergebnissen aus Labor und In-situ-Messungen. Für den Bereich 2 hingegen resultieren vergleichbare Ergebnisse. Ausgehend von einer standardnormalen Verteilung der Ergebnisse zeigt Abbildung 6.9 die empirische Standardabweichung der aus den Messdaten bestimmten Wasseraufnahmekoeffizienten. Diese wurden stets aus Daten von Wiederholungsmessungen der gleichen Proben bzw. an den gleichen Prüfflächen bestimmt. Dabei lässt sich jeder Punkt eindeutig einer Laborprobe bzw. einer In-situ-Prüffläche bei einem bestimmten Prüfdruck zuordnen. Siehe dazu die in Tabelle 6.4 aus Abschnitt 6.3 gewählten Prüfvarianten. Während bei den Ergebnissen der Laborversuche eine vergleichbare Fehlerverteilung resultiert, streut die Standardabweichung der In-situ-Messungen in einem deutlich größerem Bereich.

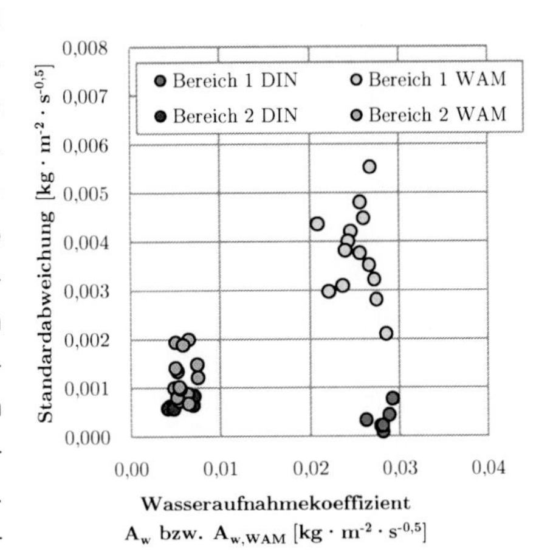

Abbildung 6.9: Empirische Standardabweichung der gemessenen Wasseraufnahmekoeffizienten des Dünnschichtputzsystems je für die verschiedenen Proben, Prüfflächen und Druckvarianten. Die Daten sind untergliedert in die beiden Untersuchungsmethoden und Saugabschnitte

Ferner bewegt sich die Standardabweichung der In-situ-Messungen stets oberhalb derer aus den Laborversuchen.

6.4.2 Sichtmauerwerk

In den Abbildungen 6.10 sind die Messdaten für die untersuchte Sichtmauerwerksfassade dargestellt. Die Ergebnisse aus dem Laborverfahren DIN EN ISO 15148 [2016] enthalten Messwerte von originalen Klinkern, nicht jedoch vom Fugenmaterial. Aufgrund von sehr geringen Schichtdicken der Fugenschlämme zwischen 1 und 8 $[\mathrm{mm}]$ konnte diese mit dem Laborverfahren nicht untersucht werden. Demgegenüber stehen die Messdaten des Wasseraufnahmemessgeräts (WAM), wo das Wasseraufnahmeverhalten integral über mehrere Steine und Fugen hinweg bestimmt wurde. Abbildung 6.10 Bildabschnitt ⓐ zeigt die flächenbezogene Wasseraufnahme über die Wurzelzeit als Übersicht für alle Einzelprüfungen mit beiden Methoden. Die Daten zeigen ein heterogenes Bild, wobei sich die Messdaten der integralen In-situ-Messungen auf einem allgemein niedrigen Niveau von deutlich unter 1 $[\mathrm{kg} \cdot \mathrm{m}^{-2}]$ nach einer Stunde bewegen. Die Messdaten der entnommenen Klinker, geprüft im Labor, verhalten sich stets linear über die Wurzelzeit. Die zeitlichen Verläufe der

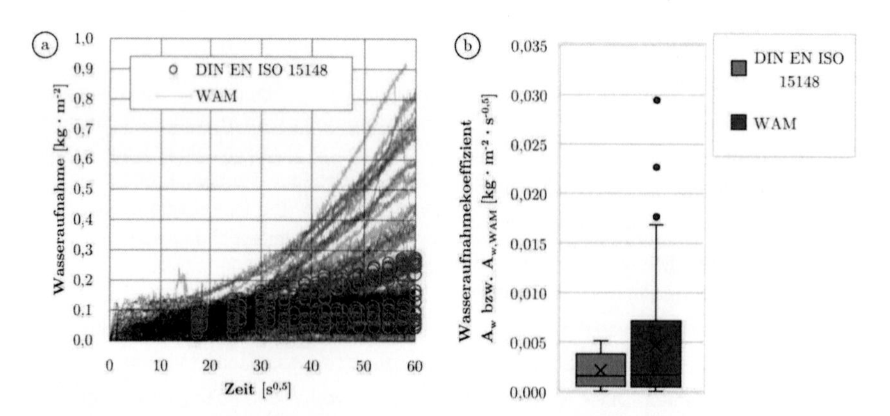

Abbildung 6.10: Messdaten der Wasseraufnahme der Sichtmauerwerksfassade, gemessen im Labor nach DIN EN ISO 15148 [2016] und in situ mit dem Wasseraufnahmemessgerät (WAM). Der Bildabschnitt ⓐ zeigt die je Flächeneinheit aufgesaugte Wassermenge aufgetragen über die Wurzelzeit. Bildabschnitt ⓑ zeigt die Verteilungen der aus den Messdaten generierten Wasseraufnahmekoeffizienten für beide Messverfahren (A_w und $A_{w,WAM}$ $[\mathrm{kg} \cdot \mathrm{m}^{-2} \cdot \mathrm{s}^{-0,5}]$).

Messdaten der In-situ-Messungen reichen dabei von linear wurzelförmig bis leicht konvex. In der Boxplot-Darstellung im Bildabschnitt ⓑ sind die Verteilungen der in separat durchgeführten Regressionsanalysen berechneten Wasseraufnahmekoeffizienten gegenübergestellt. Es zeigt sich ein ähnlicher Median mit beiden Messverfahren. Die Messdaten des WAM zeigen gleichzeitig einen höheren Mittelwert $A_{w,WAM}$ gegenüber dem des Laborverfahrens A_w. Auch bewegen sich die Ausschläge von WAM deutlich oberhalb derer der Labormethode. In Abbildung 6.11 sind die empirischen Standardabweichungen der gemessenen Wasseraufnahmekoeffizienten A_w und $A_{w,WAM}$ $[\mathrm{kg \cdot m^{-2} \cdot s^{-0,5}}]$ für die verschiedenen Proben, Prüfflächen und Druckvarianten dargestellt (vgl. Tabelle 6.4). Die Werte sind je über den mittleren A_w bzw. $A_{w,WAM}$ $[\mathrm{kg \cdot m^{-2} \cdot s^{-0,5}}]$ der jeweiligen Probe, Prüffläche und Druckvariante aufgetragen. Deren Verteilungen für die beiden Verfahren bewegen sich in einem ähnlichem Bereich. Es zeigt sich eine zunehmende Standardabweichung mit steigendem A_w bzw. $A_{w,WAM}$.

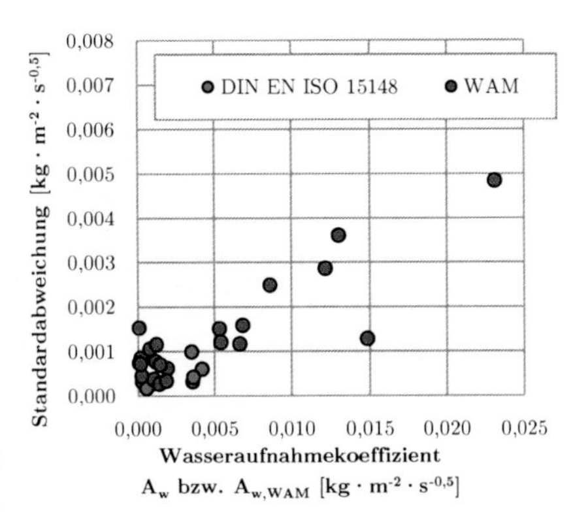

Abbildung 6.11: Empirische Standardabweichung der gemessenen Wasseraufnahmekoeffizienten der Dickputzfassade je für die verschiedenen Proben, Prüfflächen und Druckvarianten. Die Daten sind untergliedert in die beiden Untersuchungsmethoden und Saugabschnitte

6.4.3 Dickputz

Die Messdaten der saugfähigen Dickputzfassade sind in Abbildung 6.12 dargestellt. Wie bereits bei dem Dünnschichtputz in Abschnitt 6.4.1 zeigen sich zwei lineare Abschnitte in der gemessenen Wasseraufnahme über die Wurzelzeit (siehe Bildabschnitt ⓐ). Analog zu Abschnitt 6.4.1 ergeben sich auch hier zwei Saugbereiche und ein Übergangsbereich. Der betrachtete Konstruktionsaufbau besteht hier aus einer Putzschicht und dem Mauerwerk. Die mittlere Neigung der Wasseraufnahme über die Wurzel der Zeit im Bereich 1 ergibt den Wasseraufnahmekoeffizienten der äußeren Putzschicht. Bei dem Bereich 2 steht die Wasseraufnahme über die Wurzelzeit im Zusammenhang mit den Materialeigenschaften des Mauerwerks. Der Zeitpunkt des Bereichswechsels wird maßgeblich durch die Dicke der Putzschicht bestimmt. Bei einer mittleren Putzdicke von 8 bis 12 $[\mathrm{mm}]$ bewegt sich der

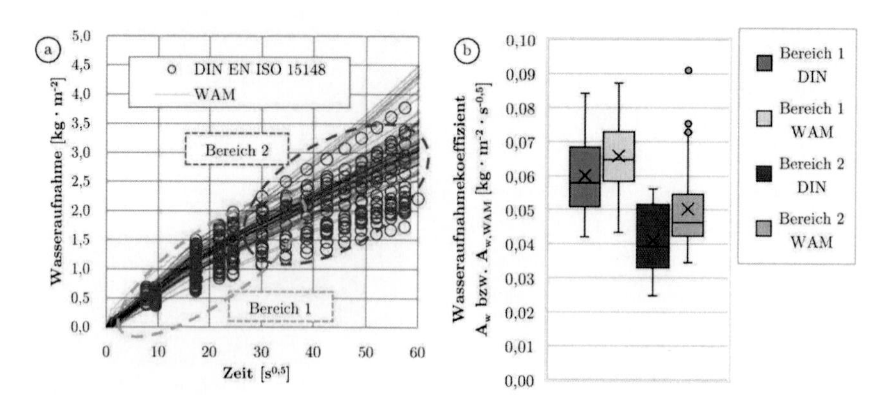

Abbildung 6.12: Messdaten der Wasseraufnahme der Dickputzfassade, gemessen im Labor nach DIN EN ISO 15148 [2016] (DIN) und in situ mit dem Wasseraufnahmemessgerät (WAM). Der Bildabschnitt ⓐ zeigt die je Flächeneinheit aufgesaugte Wassermenge aufgetragen über die Wurzelzeit sowie die dabei entstehenden Bereiche 1 und 2. Bildabschnitt ⓑ zeigt die Verteilungen der aus den Messdaten generierten Wasseraufnahmekoeffizienten für beide Messverfahren (A_w und $A_{w,WAM}$ $[\mathrm{kg \cdot m^{-2} \cdot s^{-1,0}}]$) und beide Saugabschnitte (Bereich 1 und 2).

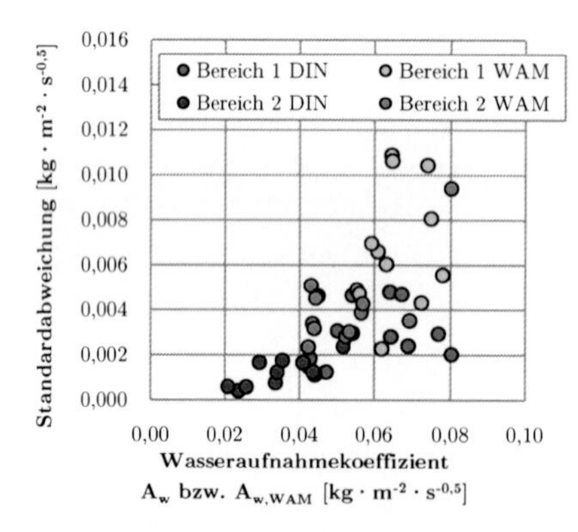

Abbildung 6.13: Empirische Standardabweichung der gemessenen Wasseraufnahmekoeffizienten der Dickputzfassade je für die verschiedenen Proben, Prüfflächen und Druckvarianten. Die Daten sind untergliedert in die beiden Untersuchungsmethoden und Saugabschnitte

Übergang vom ersten zum zweiten Saugbereich in etwa zwischen 20 und 40 $[\mathrm{s^{0,5}}]$. Die Bestimmung der Wasseraufnahmekoeffizienten A_w und $A_{w,WAM}$ $[\mathrm{kg \cdot m^{-2} \cdot s^{-0,5}}]$ erfolgte analog DIN EN ISO 15148 [2016], je in einer separat für jede Einzelprüfung durchgeführten Regressionsanalyse. Abbildung 6.12 Bildabschnitt ⓑ zeigt diese Ergebnisse. Die Box-Plot-Darstellung unterscheidet dabei zwischen den beiden Bereichen 1 und 2 sowie zwischen Ergebnissen der Labormethode nach DIN EN ISO 15148 [2016] (DIN) und den mittels Wasseraufnahmemessgerät (WAM) gemessenen Daten. Für beide Bereiche und Methoden ergibt sich eine große Bandbreite der gemessenen Wasseraufnahmekoeffizienten. Die Ergebnisse des Laborexperimentes tendieren eher zu niedrigeren A_w gegenüber den in situ gemessenen $A_{w,WAM}$. In Abbildung 6.13 sind die empirischen Standardabweichungen der gemessenen Wasseraufnahmekoeffizienten A_w und $A_{w,WAM}$ für die verschiedenen Proben, Prüfflächen und Druckvarianten dargestellt (vgl. Tabelle 6.4). Die Werte sind je über den mittleren A_w bzw. $A_{w,WAM}$ der jeweiligen Probe, Prüffläche und Druckvariante aufgetragen. Die Standardverteilungen der In-situ-Ergebnisse bewegen sich auf einem höheren Niveau. Auch hier zeigt sich eine tendenziell zunehmende Standardabweichung mit steigendem A_w bzw. $A_{w,WAM}$.

6.4.4 Zusammenfassung der Messergebnisse

Der Abschnitt beschreibt die gemessenen Daten der Wasseraufnahme der Fassadenflächen und Fassadenbaustoffe. Die verschiedenen Darstellungen zeigen die Streuung der Messergebnisse für die verschiedenen untersuchten Materialproben, Prüfflächen und Prüfvarianten. Es folgt die Gegenüberstellung der Ergebnisse aus dem Laborversuch nach DIN EN ISO 15148 [2016] und den In-situ-Ergebnissen des Wasseraufnahmemessgeräts (WAM). Eine grundsätzliche Übereinstimmung kann festgestellt werden. Vereinzelt bestehen jedoch auch Unterschiede in den Ergebnissen beider Verfahren. Die Messergebnisse der drei untersuchten Fassaden verteilen sich weitgehend gleichmäßig über einen für Fassadenbaustoffe typischen Wasseraufnahmebereich von $< 0,1$ $[kg \cdot m^{-2} \cdot s^{-0,5}]$. In Abbildung 6.14 sind die Standardabweichungen der verschiedenen untersuchten Varianten je über den Mittelwert der je Variante gemessenen Wasseraufnahmekoeffizienten A_w bzw. $A_{w,WAM}$ $[kg \cdot m^{-2} \cdot s^{-0,5}]$ aufgetragen. Diese Varianten unterscheiden dabei zwischen den verschiedenen untersuchten Materialproben, untersuchten Fassadenflächen und geprüften Druckstufen analog Tabelle 6.4. Die Daten unterscheiden zwischen Ergebnissen der beiden Untersuchungsmethoden. Dabei steigt für beide Metho-

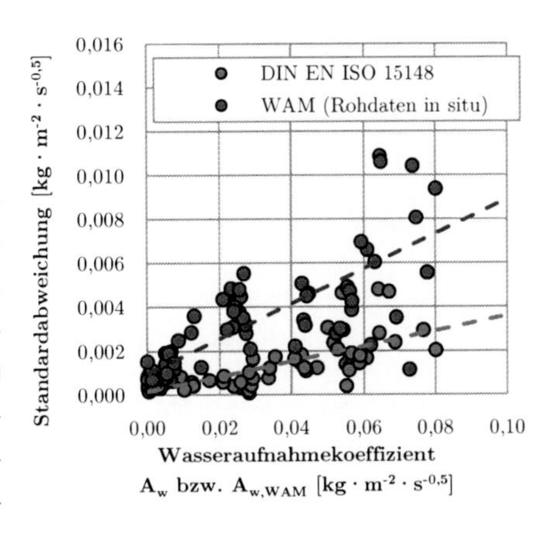

Abbildung 6.14: Empirische Standardabweichung der gemessenen Wasseraufnahmekoeffizienten aller untersuchter Fassadenflächen je für die verschiedenen Proben, Prüfflächen und Druckvarianten. Die Daten sind untergliedert in die beiden Untersuchungsmethoden.

den – Laborverfahren und WAM – die empirische Standardabweichung mit dem gemessenen Wert A_w bzw. $A_{w,WAM}$. Jedoch steigt der Fehler bei den Ergebnissen des WAM deutlich steiler gegenüber den Ergebnissen der Laborprüfungen.

6.5 Temperatureinfluss

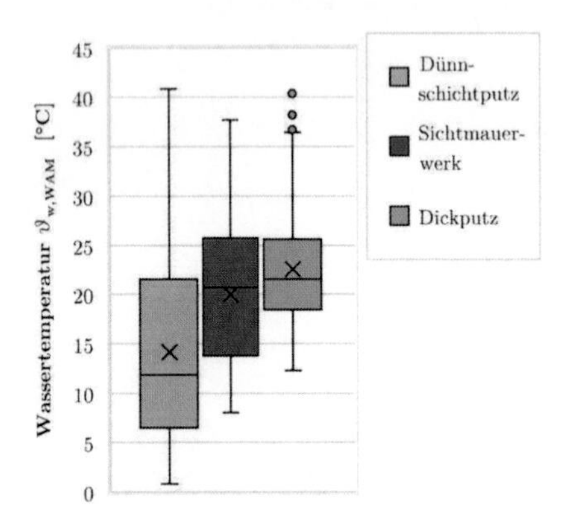

Abbildung 6.15: Verteilung der mittleren Wassertemperatur des Wasseraufnahmemessgeräts. Die Daten geben die Mittelwerte für die Bereiche wieder, die als Regressionsbereiche zur Berechnung der Wasseraufnahmekoeffizienten gewählt wurden.

Wie bereits in Abschnitt 3.3.2 beschrieben, führt die Variation der Wassertemperatur zu einer Veränderung der Geschwindigkeit des Kapillarwassertransportes in porösen Baustoffen. Entsprechend beeinflusst die Wassertemperatur auch die Ergebnisse des Wasseraufnahmemessgeräts (WAM). Bei dessen Anwendung in situ können bei direkter Sonneneinstrahlung auf die Apparatur im Sommer erhöhte und bei Untersuchungen im Winter geringe Wassertemperaturen auftreten. Bei den drei untersuchten Fassaden erfolgten Messungen sowohl bei hohen als auch geringen Temperaturrandbedingungen. Abbildung 6.15 zeigt die Verteilung der Wassertemperaturen $\vartheta_{w,WAM}$ $[^{\circ}C]$, die bei den verschiedenen Untersuchungen an den drei Testfassaden im Kreislaufsystem des WAM im Mittel über die Versuchszeit gemessen wurden. Dafür erfolgte die Aufzeichnung in einem kombinierten Temperatur-Durchflusssensor im Leitungssystem des WAM (siehe Abbildung 6.7 Bildabschnitt ⓒ). Es zeigt sich eine Verteilung der Werte über einen großen Wertebereich von $0 < \vartheta_{w,WAM} < 40$ $[^{\circ}C]$. Die gemessenen Temperaturen stehen dabei repräsentativ für mögliche äußere Einwirkungen, die bei In-situ-Messungen auftreten können. Für die Berücksichtigung der Wassertemperatur erfolgt zunächst eine rechnerische Betrachtung der Problematik. Die allgemeine Beschreibung des eindimensionalen Wasseraufnahmeexperimentes einer Einzelkapillare lässt sich nach Lykov [1958], Schwarz [1972] und Lutz et al. [1994] durch Gleichung 6.1 beschreiben.

$$m(t) = \left[\left(\frac{r \cdot \sigma_w \cdot \cos\gamma}{2 \cdot \eta_w} \right)^{0,5} \cdot \rho_w \cdot \theta_{cap} \right] \cdot t^{0,5} \qquad [\mathrm{kg} \cdot \mathrm{m}^{-2}] \tag{6.1}$$

Die relevanten temperaturabhängigen Größen bilden dabei die Oberflächenspannung des Wassers gegen Luft σ_w $[\mathrm{kg} \cdot \mathrm{s}^{-2}]$ und die Viskosität des Wassers η_w $[\mathrm{kg} \cdot \mathrm{m}^{-1} \cdot \mathrm{s}^{-1}]$. Der Einfluss der Temperatur auf die Dichte des Wassers wird an dieser Stelle vernachlässigt. Bei Kenntnis der Wassertemperatur kann der Effekt nachträglich berücksichtigt werden. Unter Annahme einer Referenztemperatur $\vartheta_{w,ref}$ $[°\mathrm{C}]$ kann Gleichung 6.1 basierend auf u. a. Krischer [1956] und Gummerson et al. [1980] erweitert werden zu Gleichung 6.2. Diese beschreibt dabei die Messdaten des Wasseraufnahmeexperimentes, bei von der Referenztemperatur abweichender Wassertemperatur ($\vartheta_w \neq \vartheta_{w,ref}$). Als Referenztemperatur wird folgend die im Laborversuch nach DIN EN ISO 15148 [2016] vorgegebene Prüfbedingung von $\vartheta_{w,ref} = 23$ $[°\mathrm{C}]$ angenommen.

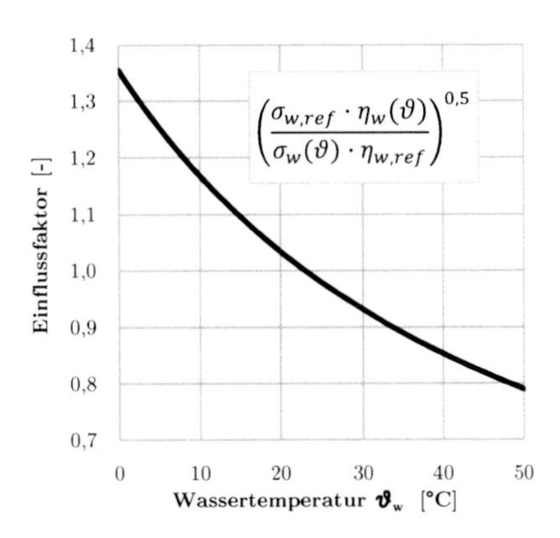

Abbildung 6.16: Einfluss der Wassertemperatur auf die Bestimmung des Wasseraufnahmekoeffizienten

$$m(t, \vartheta) = \left(\frac{r \cdot \sigma_{w,ref} \cdot \cos\gamma}{2 \cdot \eta_{w,ref}}\right)^{0,5} \cdot \rho_w \cdot \theta_{cap} \cdot t^{0,5} \cdot \left[\left(\frac{\sigma_w(\vartheta) \cdot \eta_{w,ref}}{\sigma_{w,ref} \cdot \eta_w(\vartheta)}\right)^{0,5}\right] \quad [\mathrm{kg} \cdot \mathrm{m}^{-2}] \tag{6.2}$$

In Sharqawy et al. [2010], IAPWS [2008] und IAPWS [2014] sind verschiedene Näherungsgleichungen für Wassereigenschaften bei verschiedenen Wassertemperaturen, unter anderen für die Oberflächenspannung und die dynamische Viskosität, gegenübergestellt. Die Oberflächenspannung des Wassers ergibt sich nach IAPWS [2014] in Abhängigkeit der Temperatur zu:

$$\begin{aligned} \sigma_w(\vartheta) = 0,2358 \cdot & \left(1 - \frac{\vartheta_w + 273,15}{647,098}\right)^{1,256} \\ & \cdot \left[1 - 0,625 \cdot \left(1 - \frac{\vartheta_w + 273,15}{647,098}\right)\right] \quad [\mathrm{kg} \cdot \mathrm{s}^{-2}] \end{aligned} \tag{6.3}$$

und die dynamische Viskosität ergibt sich nach Sharqawy et al. [2010] und IAPWS [2008] zu:

$$\eta_w(\vartheta) = 4,2844 \cdot 10^{-5} + \left[0,157\,(\vartheta_w + 64,993)^2 - 91,296\right]^{-1} \quad [\mathrm{kg} \cdot \mathrm{m}^{-1} \cdot \mathrm{s}^{-1}]. \tag{6.4}$$

Abbildung 6.16 zeigt den Ausdruck in eckigen Klammern aus Gleichung 6.2 für verschiedene Wassertemperaturen. Als Referenztemperatur wurde dabei $\vartheta_{w,ref} = 23$ [°C] festgelegt. Es zeigt sich, dass bereits bei geringen Temperaturunterschieden ein spürbarer Einfluss auf den Kapillartransport besteht. Demnach würde eine Fassade bei einem Schlagregenereignis an einem kalten Wintertag (mittlere Wassertemperatur $\vartheta_w = 5$ [°C]) gegenüber einer im Sommer aufgeheizten Fassade (mittlere Wassertemperatur $\vartheta_w = 30$ [°C]) Regenwasser um ca. ein Drittel langsamer aufsaugen. Damit steigt die kapillare Wassereindringgeschwindigkeit mit steigender Wassertemperatur. Für die Anwendung dieses Ansatzes ist die Kenntnis der Temperatur erforderlich, die sich im vordringenden Durchfeuchtungskörper einstellt. Ausgehend von einer Referenztemperatur $\vartheta_{w,ref} = 23$ [°C] kann die Wassertemperatur nach oben sowie nach unten abweichen. Die folgenden zwei Beispiele verdeutlichen dies. Durchgeführt wurde die erste Untersuchung am 6. Juli 2017, einem heißen Sommertag. Bei der Entnahme von Wasser aus einem Kanister hat dieses eine Temperatur von $\vartheta_{w,WAM} = 20$ [°C]. Nach Installation des WAM an der Fassade startet schließlich der künstliche Beregnungsvorgang auf die aufgeheizte Fassadenfläche mit einer Oberflächentemperatur von $\vartheta_{Fassade} = 42$ [°C]. Innerhalb der 60-minütigen Messdurchführung steigt die Wassertemperatur im Vorratsbehälter des WAM kontinuierlich bis auf $\vartheta_{w,WAM} = 34$ [°C]. Die zweite Beispieluntersuchung betrifft die Messung der Wasseraufnahme an der Dünnschichtputzfassade am 10. Januar 2017, einem kalten Wintertag. Hier trifft das Wasser mit einer Starttemperatur von $\vartheta_{w,WAM} = 14$ [°C] auf eine Oberflächentemperatur der Fassadenfläche von $\vartheta_{Fassade} = 4$ [°C]. Während des Messzyklus verringert sich die Wassertemperatur bis auf eine Temperatur von $\vartheta_{w,WAM} = 8$ [°C]. Dabei stellt sich die Frage nach der Wassertemperatur ϑ_w [°C], die sich in der kapillarporösen Struktur der Fassadenoberfläche einstellt. Mithilfe der hygrothermischen Simulationssoftware Delphin 5.9 (vgl. Nicolai et al. [2009]) wurden dafür diese beiden Untersuchungen rechnerisch nachempfunden. Das gewählte Simulationsmodell umfasst je den identischen Wandaufbau bei vergleichbaren Materialien mit identischem Wasseraufnahmeverhalten. Es erfolgte zunächst die Ausbildung von Temperaturgradienten im Außenwandprofil analog der gemessenen Oberflächen- und Raumtemperaturen im Modell. Anschließend folgte die rechnerische Beanspruchung der Außenwand durch einen Flüssigwasserkontakt mit variabler Wassertemperatur. Diese Wassertemperaturrandbedingung resultiert aus den Messdaten des Vorratbehälters des WAM der jeweiligen Untersuchung. Im Bereich der im Baustoff fortschreitenden Feuchtefront, berechnet analog der Gleichungen 3.10 und 3.12, wurde schließlich die mittlere Temperatur im Durchfeuchtungskörper ausgegeben. Mit der berechneten Temperatur lässt sich schließlich der Einflussfaktor der Temperatur auf das jeweilige Wasseraufnahmeexperiment bestimmen. Abbildung 6.17 zeigt die Ergebnisse der Untersuchungen. Darin zeigen sich je

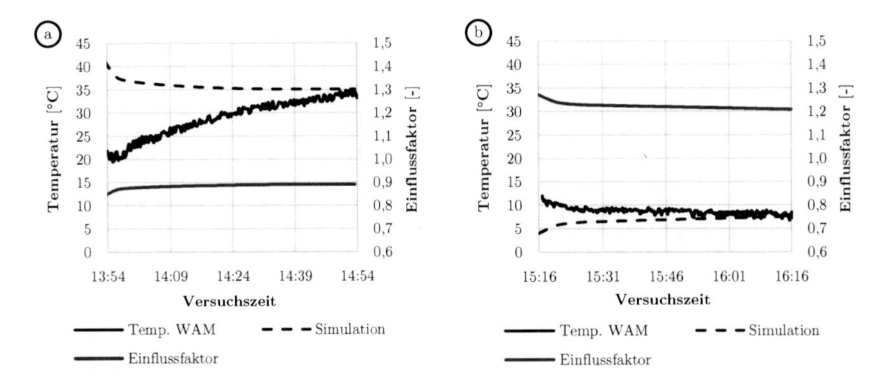

Abbildung 6.17: Mess- und Simulationsergebnisse zum Einfluss der Wassertemperatur auf das Wasseraufnahmemessgerät (WAM). In den Darstellungen enthalten sind Messwerte der Wassertemperatur im Vorratsbehälter des WAM $\vartheta_{w,WAM}$ $[°C]$ (Temp. WAM), die daraus jeweils berechnete mittlere Wassertemperatur im Durchfeuchtungskörper ϑ_w $[°C]$ und deren Einflussfaktor auf das Wasseraufnahmeexperiment bezogen auf eine Referenztemperatur von $\vartheta_{w,ref} = 23$ $[°C]$. Bildabschnitt ⓐ zeigt Ergebnisse bei erhöhter und Bildabschnitt ⓑ bei niedriger Umgebungstemperatur.

nach einer kurzen Einschwingphase nur geringe Veränderungen im Einflussfaktor während einer 60-minütigen Messdurchführung. Dabei nähern sich die Temperaturen im Vorratsbehälter des WAM und im Durchfeuchtungskörper in der Wand kontinuierlich aneinander an. Die beiden extremen Beispiele zeigen, dass die Wassertemperatur im Vorratsbehälter des WAM zum Ende einer 60-minütigen Messdurchführung $\vartheta_{w,WAM}$ $[°C]$ einer ausreichend genauen Näherung der durchschnittlichen Wassertemperatur im Durchfeuchtungskörper ϑ_w $[°C]$ entspricht. Für die Berücksichtigung des Effektes bei den Messergebnissen des Wasseraufnahmemessgeräts lässt sich Gleichung 5.16 zur Beschreibung dessen Messdaten entsprechend erweitern zu Gleichung 6.5. Dabei beeinflusst die Temperatur sowohl das Wasseraufnahmeverhalten im eindimensionalen Term als auch das der Randeffekte.

$$\begin{aligned} \overbrace{m_{WAM,3D}(t,\vartheta)}^{Messsignal\,des\,WAM} &= \overbrace{0,00108 \cdot t^{0,5} + 0,21868}^{Kalibrierfunktion} + \overbrace{m_{WAM}(t) \cdot \left(\frac{\sigma_w(\vartheta) \cdot \eta_{w,ref}}{\sigma_{w,ref} \cdot \eta_w(\vartheta)} \right)^{0,5}}^{Wasseraufnahme\,1D} \\ &\quad \underbrace{+ \frac{m_{WAM}(t)^2 \cdot \gamma}{(\theta_{cap} - \theta_{50}) \cdot \rho_w \cdot \bar{R}} \cdot \left(\frac{\sigma_w(\vartheta) \cdot \eta_{w,ref}}{\sigma_{w,ref} \cdot \eta_w(\vartheta)} \right)}_{dreidimensionale\,Randeffekte} \quad [kg \cdot m^{-2}] \end{aligned} \tag{6.5}$$

Entsprechend des quadratischen Zusammenhangs zwischen eindimensionaler Wasserauf-

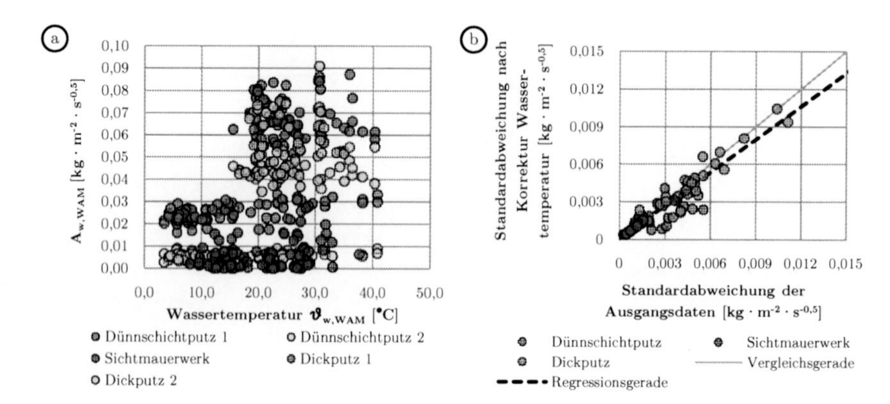

Abbildung 6.18: Temperatureffekt auf die Messdaten mit ⓐ der Gegenüberstellung der gemessenen Wasseraufnahmekoeffizienten $A_{w,WAM}$ $[\mathrm{kg} \cdot \mathrm{m}^{-2} \cdot \mathrm{s}^{-0,5}]$ und der Wassertemperatur $\vartheta_{w,WAM}$ $[^{\circ}\mathrm{C}]$ aus Untersuchungen mit dem Wasseraufnahmemessgerät (WAM) an drei verschiedenen Fassaden und ⓑ der Gegenüberstellung der Standardabweichung, der gemessenen Wasseraufnahmekoeffizienten der untersuchten Fassadenflächen je für die verschiedenen Prüfflächen und Druckvarianten, ohne und mit rechnerischer Berücksichtigung der Wassertemperaturen nach Gleichung 6.5

nahme und des Randeffektes wirkt der Temperatureffekt im Term der Randeffekte ebenfalls im Quadrat. Die Berechnung des Wasseraufnahmekoeffizienten erfolgt in einer Regressionsanalyse der Wasseraufnahme über die Wurzelzeit. Dabei verändert die Wassertemperatur die Neigung des Verlaufs. Verschiedene Feuchtezustände werden früher bzw. später erreicht. Feuchtegehalte im Bereich von Unstetigkeiten im Verlauf bleiben konstant. Die Berücksichtigung der Wassertemperatur im Wasseraufnahme-Wurzelzeit-Diagramm erfolgt entsprechend durch die Skalierung der Versuchszeit analog Abbildung 6.19. Dieser mehrfach experimentell überprüfte Ansatz (vgl. Gummerson et al. [1980], Ioannou et al. [2017] und Feng et al. [2017]) wird nun auf die in Abschnitt 6.4 vorgestellten Messdaten übertragen. Abbildung 6.18 Bildabschnitt ⓐ zeigt eine Übersicht aller mittels Wasseraufnahmemessgerät (WAM) gemessenen Daten. Die darin enthaltenen Werte des Wasseraufnahmekoeffizienten $A_{w,WAM}$ $[\mathrm{kg} \cdot \mathrm{m}^{-2} \cdot \mathrm{s}^{-0,5}]$ wur-

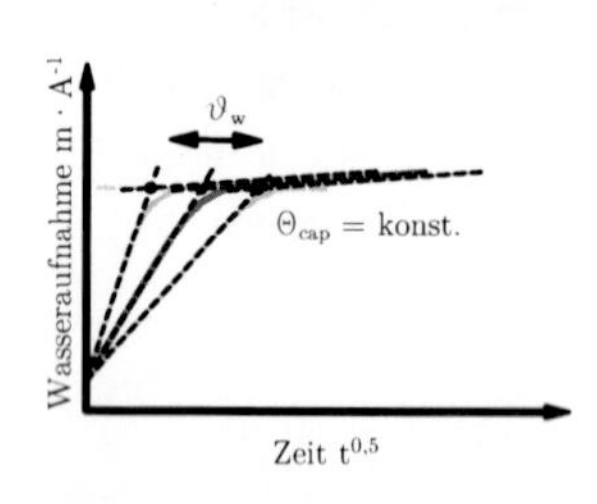

Abbildung 6.19: Einfluss der Wassertemperatur auf die Bestimmung des Wasseraufnahmekoeffizienten im Wasseraufnahme-Wurzelzeit-Diagramm

den aus den im Abschnitt 6.4 vorgestellten Ausgangsdaten berechnet. Diese Werte sind aufgetragen über die mittlere Wassertemperatur im Wasserbehälter des WAM $\vartheta_{w,WAM}$ $[°C]$ zum Ende des jeweiligen Messdurchgangs. Die Daten sind unterteilt nach den drei untersuchten Fassadentypen und für die beiden verputzten Fassaden zusätzlich nach den beiden Regressionsbereichen zur Auswertung der Wasseraufnahmekoeffizienten. Es zeigt sich kein sichtbarer bis hin zu einem schwach steigenden Zusammenhang zwischen Wasseraufnahmekoeffizienten und der Wassertemperatur. Insbesondere die Ergebnisse des zweiten Regressionsbereichs der Dünnschichtputzfassade (hellgrün) und denen der Sichtmauerwerksfassade (lila) zeigen keine sichtbare Abhängigkeit. Die Berücksichtigung der Wassertemperatur sollte sich auch auf die Wiederholungsgenauigkeit bei variierenden Temperatur-Randbedingungen ausdrücken. Folgend wurden die Messdaten analog Gleichung 6.5 temperaturkorrigiert und es erfolgte die Bildung der empirischen Standardabweichungen der temperaturkorrigierten Wasseraufnahmekoeffizienten $A_{w,WAM,\vartheta}$ der jeweiligen untersuchten Varianten. Im Bildabschnitt ⓑ in Abbildung 6.18 sind die temperaturkorrigierten Standardabweichungen denen der jeweils zugehörigen Untersuchungsvariante der Ausgangsdaten gegenübergestellt. Eine lineare Regressionsanalyse der Datenpunkte zeigt eine tendenzielle Reduzierung der korrigierten Standardabweichung gegenüber der Standardabweichung ohne Berücksichtigung der Temperatur. Das bedeutet, die Anwendung der Temperaturkompensation in Gleichung 6.5 auf die Messergebnisse des Wasseraufnahmemessgeräts (WAM) führt tendenziell zu einer Annäherung der Ergebnisse gleicher Untersuchungsvarianten.

6.6 Einfluss des Startfeuchtegehalts

Eine weitere Einflussgröße auf das Wasseraufnahmeverhalten resultiert aus dem Startfeuchtegehalt θ_i $[m^3 \cdot m^{-3}]$ der Fassadenbaustoffe. Wobei Startfeuchtegehalte im hygroskopischen Feuchtebereich vernachlässigt werden können (vgl. Feng and Janssen [2018]). Der Effekt überhygroskopischer Startfeuchtegehalte wurde bereits in verschiedenen Publikationen rechnerisch und messtechnisch untersucht u. a. durch Janz [1997], Hall [1989], Hall and Hoff [2012] oder Schwarz [1972]. Diese zeigen, dass ein Startfeuchtegehalt den Wasseraufnahmekoeffizienten A_w $[kg \cdot m^{-2} \cdot s^{-0,5}]$ und zum Teil den kapillaren Wassergehalt θ_{cap} $[m^3 \cdot m^{-3}]$ beeinflussen können. Philip [1957] entwickelte einen vereinfachten Ansatz für die Berechnung der Sorptivität S $[m \cdot s^{-0,5}]$ in Abhängigkeit des Startfeuchtegehalts.

Übertragen auf den Wasseraufnahmekoeffizienten ergibt sich der Ansatz zu:

$$A_{w,i} \cdot A_w^{-1} = (1 - \theta_{ir})^{0,5} \quad [-] \quad \text{mit}: \theta_{ir} = \frac{\theta_i - \theta_{dry}}{\theta_{cap} - \theta_{dry}} \quad [-] \tag{6.6}$$

wobei:

$A_{w,i}$: Wasseraufnahmekoeffizient bei vorhandenem Startfeuchtegehalt

A_w : Wasseraufnahmekoeffizient

θ_{ir} : kapillarer Sättigungsgrad

θ_i : Startfeuchtegehalt

θ_{dry} : Feuchtegehalt im hygroskopischen Feuchtebereich

θ_{cap} : kapillarer Feuchtegehalt.

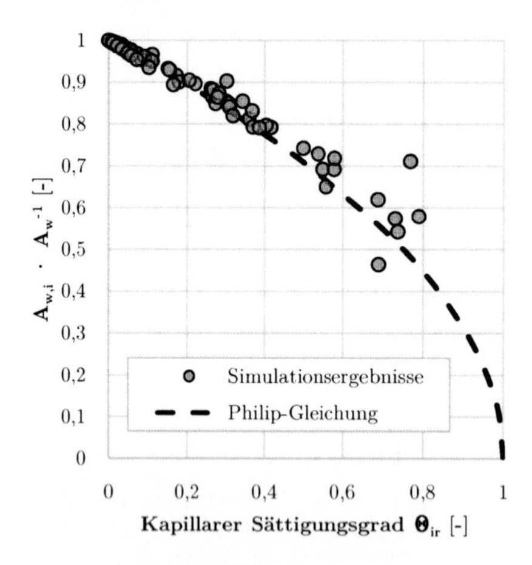

Abbildung 6.20: Vergleich von Simulationsergebnissen mit dem vereinfachten Ansatz nach Gleichung 6.6 über den Einfluss des Startfeuchtegehalts auf das Wasseraufnahmeexperiment

Für geringe kapillare Sättigungsgrade $\theta_{ir} \leq 0,6$ $[-]$ zeigt dieser vereinfachte Ansatz eine ausreichend genaue Näherung (vgl. Hall et al. [1983]). Dieser Zusammenhang wird folgend mithilfe der hygrothermischen Simulationssoftware Delphin 5.9 (vgl. Nicolai et al. [2009]) untersucht. Als Simulationsmodell wurde ein Würfel mit der Kantenlänge von 1 $[m]$ gewählt. Dieser wurde auf der Unterseite 60 $[min]$ mit einem Flüssigwasserkontakt beaufschlagt. Mit verschiedenen Materialdatensätzen von Fassadenbaustoffen bei verschiedenen Startfeuchtegehalten wurde schließlich das Wasseraufnahmeexperiment berechnet. In separaten Regressionsanalysen wurden entsprechend die Wasseraufnahmekoeffizienten bestimmt. Abbildung 6.20 zeigt die Ergebnisse der Berechnungen. Auf der Y-Achse wurde analog Gleichung 6.6 der Wasseraufnahmekoeffizient bei vorhandenem Startfeuchtegehalt $A_{w,i}$ $[kg \cdot m^{-2} \cdot s^{-0,5}]$ mit dem Wasseraufnahmekoeffizienten bei einer Ausgleichsfeuchte bei 50 $[\%RH]$ ins Verhältnis gesetzt – aufgetragen über den kapillaren Sättigungsgrad θ_{ir} $[-]$. Weiterhin zeigt das Diagramm den Zusammenhang nach Philip [1957] aus Gleichung 6.20. Die Simulationsergebnisse zeigen eine gute Übereinstimmung mit dem vereinfachten Ansatz nach Philip [1957]. Der Ansatz stellt somit eine ausreichend genaue Näherung für die Beschreibung erhöhter Startfeuchtegehalte im Wasseraufnahmeexperiment dar. Für die Übertragung der Ergebnisse auf Untersuchungen zur Wasseraufnahme in situ mittels Wasseraufnahmemessgerät sind jedoch einige Punkte zu beachten. Die für die Gleichung 6.6 zugrundeliegenden Untersuchungen beziehen sich je stets auf einen konstanten Startfeuchtegehalt über die Tiefe. Befindet sich die Fassadenoberfläche nach einem vergangenen Schlagregenereignis im Trocknungsprozess, können Feuchtegehaltsgradienten im Bereich der Fassadenoberfläche auftreten. Auch die ausreichend genaue, zerstörungsfreie Messung von Feuchtegehalten stellt für die Anwendung des Ansatzes eine Herausforderung dar. Die Möglichkeiten einer Analyse dieses Effektes anhand zerstörungsfrei bestimmter Messdaten stellt sich entsprechend eingeschränkt dar. Im Rahmen des unter Punkt 6.3 beschriebenen Versuchsprogramms wurden Informationen zu den Feuchtegehalten der Fassadenbaustoffe mithilfe von Mikrowellenfeuchtesensoren nach Göller [2013] bestimmt. Diese indirekte Methode bestimmt dielektrische Eigenschaften integral bis in verschiedene Baustofftiefen. Das Messergebnis wird als dimensionslose Größe (Feuchteindex δ $[-]$) ausgegeben, welche im Zusammenhang mit den integralen Feuchtegehalten bis in bestimmte Untersuchungstiefen steht. Bei den Untersuchungen mittels Wasseraufnahmemessgerät wurden insgesamt zwei Mikrowellenfeuchtesensoren mit den Messtiefen von 2 und 5 $[\mathrm{cm}]$ angewendet. Analog Abbildung 6.21 wurden die Feuchtegehalte der Fassadenflächen je kurz vor und kurz nach einer Benetzung mittels Wasseraufnahmemessgerät in einem definierten Raster gemessen. In den Feuchtegehaltsmessungen der Sichtmauerwerksfassade wird zwischen Ergebnissen der Sichtklinker und der Fugenkreuze unterschieden. Auf Basis der Messergebnisse der Mikrowellenfeuchtesensoren wurde schließlich der kapillare Sättigungsgrad $\theta_{ir,\delta}$ $[-]$ abgeschätzt durch das Verhältnis:

$$\theta_{ir,\delta} = \frac{\delta_i - \delta_{dry}}{\delta_{cap} - \delta_{dry}} \quad [-], \tag{6.7}$$

wobei:

$\theta_{ir,\delta}$: kapillarer Sättigungsgrad aus indirekter Feuchtegehaltsmessung
δ_i : Median des Feuchteindex über die Fassadenfläche vor der Benetzung
δ_{dry} : 5 %-Quantil aller gemessenen Feuchteindex je Fassade vor der Benetzung
δ_{cap} : 95 %-Quantil aller gemessenen Feuchteindex je Fassade nach der Benetzung.

Gleichung 6.7 geht dabei von der Vorstellung aus, dass die Fassadenbaustoffe im Bereich der Außenoberfläche nach einer Benetzung mittels Wasseraufnahmemessgerät (WAM) weitgehend kapillar gesättigt sind. Die Messwerte der Mikrowellenfeuchtesensoren nach der Benetzung durch das WAM stehen somit im Zusammenhang mit dem kapillaren Wassergehalt

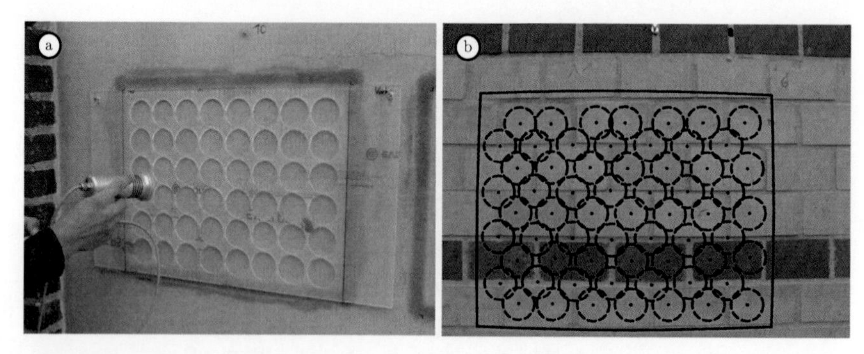

Abbildung 6.21: Raster der durchgeführten Feuchtegehaltsuntersuchungen mit Mikrowellenfeuchtesensoren an den beiden untersuchten Putzfassaden ⓐ und Sichtmauerwerksfassade ⓑ

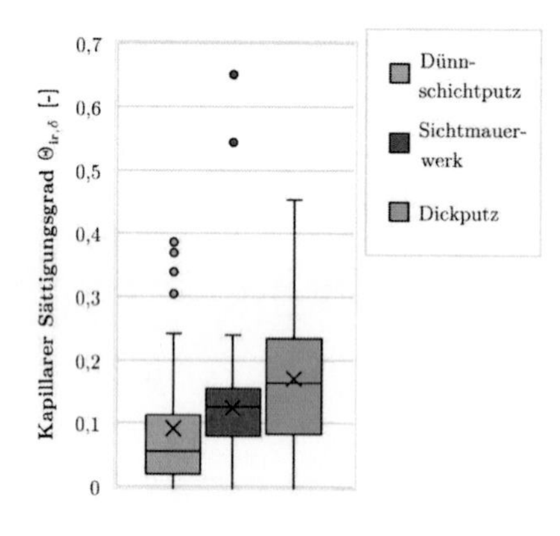

Abbildung 6.22: Verteilung der mithilfe von Gleichung 6.7 abgeschätzten kapillaren Sättigungsgrade der untersuchten Fassadenflächen. Die Werte beschreiben den Feuchtezustand je vor den Untersuchungen mittels Wasseraufnahmemessgerät. Die Daten resultieren aus Messwerten eines Mikrowellenfeuchtesensors mit einer Messtiefe von ca. 2 [cm].

der Fassadenbaustoffe $\delta_{cap} \sim \theta_{cap}$. Aufgrund der in diesen Untersuchungen vorhandenen großen Stichprobe wird davon ausgegangen, dass sich bei mindestens 5 [%] der WAM-Messungen die Fassadenoberfläche zuvor in einem trockenen Zustand befand. Das 5 %-Quantil aller Messwerte der Mikrowellenfeuchtesensoren vor der Benetzung würden dann mit dem trockenen Zustand im Zusammenhang stehen, wobei $\delta_{dry} \sim \theta_{dry}$. Der trockene Feuchtezustand bei Ausgleichsbedingungen könnte alternativ an einer an der Fassade entnommenen und im Labor getrockneten Materialprobe bestimmt werden. Je vor der Benetzung durch das WAM steht dann der Median der Mikrowellenfeuchtesensor-Messwerte mit dem mittleren Startfeuchtegehalt der Fassadenoberfläche im Zusammenhang, wobei $\delta_i \sim \theta_i$. Darauf aufbauend lässt sich der kapillare Sättigungsgrad je vor der Anwendung des WAM zerstörungsfrei abschätzen. Abbildung 6.22 zeigt die Verteilung der anhand von Gleichung 6.7 berechneten kapillaren Sättigungsgrade je vor der Benetzung durch das WAM. Die Werte basieren auf Ergebnissen eines Mikrowellenfeuchtesensors mit einer Messtiefe von ca. 2 [cm]. Für die Berücksichtigung des Effektes bei den Messergebnissen des Wasseraufnahmemessgeräts lässt sich Gleichung 5.16 zur Beschreibung dessen Messdaten entsprechend erweitern zu Gleichung 6.8. Analog zu Abschnitt 6.5 beeinflusst der Startfeuchtegehalt sowohl das Wasseraufnahmeverhalten im eindimensionalen Term als auch das der Randeffekte.

$$\begin{aligned}\overbrace{m_{WAM,3D}(t,\theta)}^{Messsignal\,des\,WAM} &= \overbrace{0{,}00108\cdot t^{0{,}5}+0{,}21868}^{Kalibrierfunktion}+\overbrace{m_{WAM}(t)\cdot(1-\theta_{ir})^{0{,}5}}^{Wasseraufnahme\,1D}\\ &+\underbrace{\frac{m_{WAM}(t)^2\cdot\gamma}{(\theta_{cap}-\theta_{50})\cdot\rho_w\cdot\bar{R}}\cdot(1-\theta_{ir})}_{dreidimensionale\,Randeffekte}\quad[\mathrm{kg}\cdot\mathrm{m}^{-2}]\end{aligned} \tag{6.8}$$

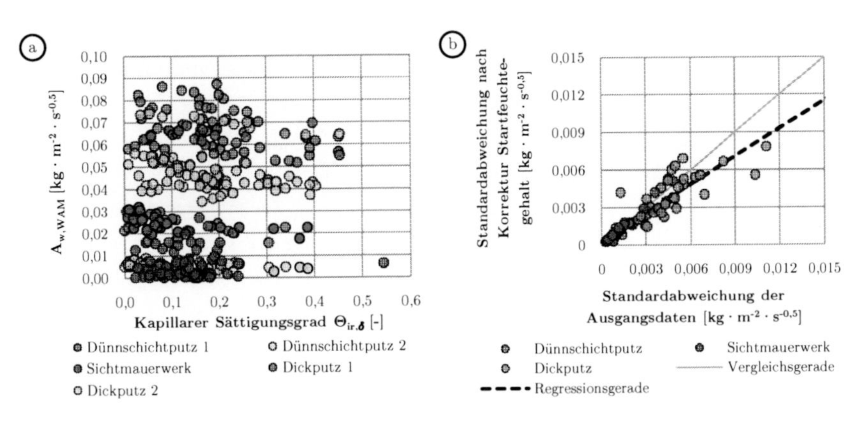

Abbildung 6.23: Effekt des Startfeuchtegehalts auf die Messdaten mit ⓐ der Gegenüberstellung der gemessenen Wasseraufnahmekoeffizienten $A_{w,WAM}$ $[\mathrm{kg}\cdot\mathrm{m}^{-2}\cdot\mathrm{s}^{-0{,}5}]$ mit dem kapillaren Sättigungsgrad $\theta_{ir,\delta}$ $[\mathrm{m}^3\cdot\mathrm{m}^{-3}]$, bestimmt aus indirekter Feuchtegehaltsmessung an drei verschiedenen Fassaden und ⓑ der Gegenüberstellung der empirischen Standardabweichung, der gemessenen Wasseraufnahmekoeffizienten der untersuchten Fassadenflächen je für die verschiedenen Prüfflächen und Druckvarianten, ohne und mit rechnerischer Berücksichtigung der kapillaren Sättigungsgrade.

Der Einfluss des Startfeuchtegehaltes auf die Messung des kapillaren Wasseraufnahmeverhaltens in situ wird folgend anhand der im Abschnitt 6.4 vorgestellten Messdaten untersucht. Durch Anwendung von Gleichung 6.8 lässt sich die eindimensionale Funktion der

Wasseraufnahme als Funktion der Zeit $m_{WAM}(t,\theta)$ $[\mathrm{kg}\cdot\mathrm{m}^{-2}]$ unter Berücksichtigung des Startfeuchtegehaltes berechnen. Die anschließende Berechnung der Startfeuchtekorrigierten Wasseraufnahmekoeffizienten $A_{w,WAM,\theta}$ erfolgt halbgrafisch in einem Wasseraufnahme-Wurzelzeit-Diagramm. Analog Abschnitt 3.3 wird dabei ein Bereich definiert, in dem sich die Messdaten der Wasseraufnahme in etwa linear zur Wurzelzeit verhalten. In einer linearen Regressionsanalyse wird schließlich für diesen Bereich der Anstieg als Wasseraufnahmekoeffizient $A_{w,WAM,\theta}$ $[\mathrm{kg}\cdot\mathrm{m}^{-2}\cdot\mathrm{s}^{-0,5}]$ berechnet. In Anlehnung an Schwarz [1972] und Hall [1989] verändert sich die korrekte Darstellung des Wasseraufnahme-Wurzelzeit-Diagramms bei verschiedenen Startfeuchtegehalten analog Abbildung 6.24. Dabei beeinflusst der Startfeuchtegehalt die Neigung und zum Teil auch den kapillaren Wassergehalt zum Ende des Experimentes. Abbildung 6.23 zeigt Messdaten der drei mittels Wasseraufnahmemessgerät (WAM) untersuchten Fassaden. Im Bildabschnitt ⓐ ist eine Gegenüberstellung der ursprünglich bestimmten Wasseraufnahmekoeffizienten $A_{w,WAM}$ $[\mathrm{kg}\cdot\mathrm{m}^{-2}\cdot\mathrm{s}^{-0,5}]$ mit den jeweils bestimmten kapillaren Sättigungsgraden vor der Untersuchung dargestellt. Es zeigt sich bei den beiden Putzfassaden ein schwach fallender Zusammenhang. Bei den Ergebnissen an der Sichtmauerwerksfassade ist kein Zusammenhang zwischen den Ergebnissen der Wasseraufnahmekoeffizienten und der Startfeuchtegehalte erkennbar. Ferner zeigt der Bildabschnitt ⓑ die empirischen Standardabweichungen der verschiedenen an den Fassaden durchgeführten Untersuchungsvarianten. Dabei werden die empirischen Standardabweichungen mit rechnerischer Berücksichtigung der Startfeuchtegehalte analog Gleichung 6.8 mit denen der originalen Messdaten analog Gleichung 5.16 gegenübergestellt. Die Regressionsgerade liegt deutlich unterhalb der Vergleichsgeraden. Damit reduziert sich die gemessene Standardabweichung der untersuchten Varianten mit Berücksichtigung der Startfeuchtegehalte. Die Anwendung der Korrektur der Startfeuchtegehalte in Gleichung 6.8 führt somit tendenziell zu einer Annäherung der Ergebnisse gleicher Untersuchungsvarianten.

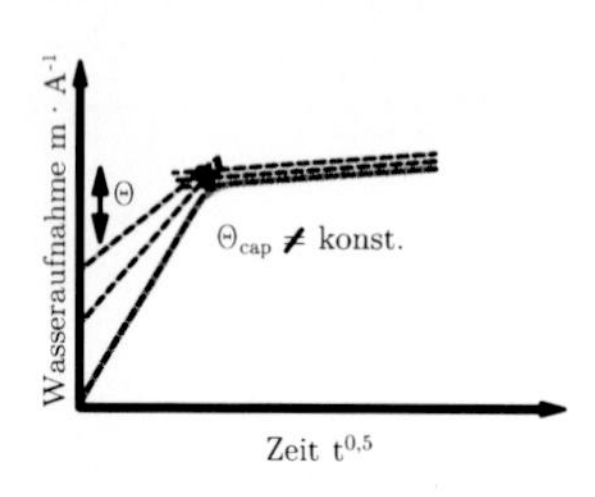

Abbildung 6.24: Einfluss des Startfeuchtegehaltes auf die Bestimmung des Wasseraufnahmekoeffizienten im Wasseraufnahme-Wurzelzeit-Diagramm

6.7 Kombinierter Einfluss der Wassertemperatur und des Startfeuchtegehaltes

Die in den Abschnitten 6.5 und 6.6 untersuchten Einflüsse der Wassertemperatur und des Startfeuchtegehaltes auf die Messdaten des Wasseraufnahmemessgeräts (WAM) werden folgend in einem kombinierten Ansatz betrachtet. Durch die Vereinigung von Gleichung 6.5 und Gleichung 6.8 zu Gleichung 6.9 kann das Messsignal des WAM als Funktion der Zeit, Temperatur und Startfeuchte beschrieben werden. Diese wird folgend auf die in Abschnitt 6.4 vorgestellten Messdaten der drei untersuchten Fassaden angewendet. Für die verschiedenen Messreihen wurde entsprechend je die eindimensionale Datenreihe der Wasseraufnahme über die Zeit $m_{WAM}(t)$ $[\mathrm{kg \cdot m^{-2}}]$ berechnet. In separaten Regressionsanaly-

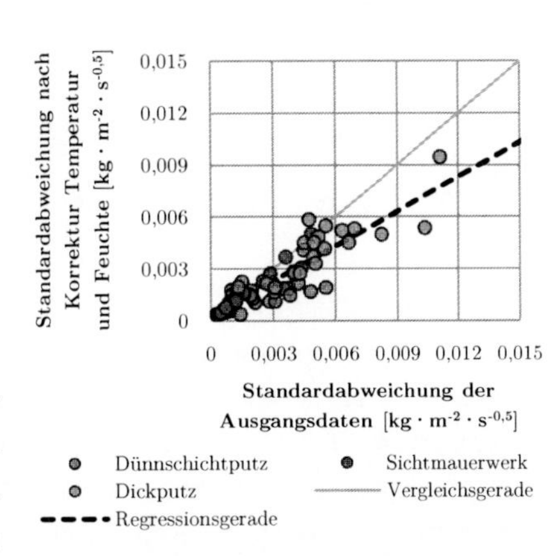

Abbildung 6.25: Gegenüberstellung der empirischen Standardabweichung der Wiederholungsmessungen des Wasseraufnahmemessgeräts für Ergebnisse ohne sowie mit rechnerischer Berücksichtigung der Temperatur und Startfeuchte

$$\overbrace{m_{WAM,3D}(t,\vartheta,\theta)}^{Messsignal\ des\ WAM} = \overbrace{0,00108 \cdot t^{0,5} + 0,21868}^{Kalibrierfunktion}$$

$$+ \overbrace{m_{WAM}(t) \cdot \left(\frac{\sigma_w(\vartheta) \cdot \eta_{w,ref}}{\sigma_{w,ref} \cdot \eta_w(\vartheta)} \right)^{0,5} \cdot (1-\theta_{ir})^{0,5}}^{Wasseraufnahme\ 1D} \tag{6.9}$$

$$+ \overbrace{\frac{m_{WAM}(t)^2 \cdot \gamma}{(\theta_{cap}-\theta_{50}) \cdot \rho_w \cdot \bar{R}} \cdot \left(\frac{\sigma_w(\vartheta) \cdot \eta_{w,ref}}{\sigma_{w,ref} \cdot \eta_w(\vartheta)} \right) \cdot (1-\theta_{ir})}^{dreidimensionale\ Randeffekte} \ [\mathrm{kg \cdot m^{-2}}].$$

sen über die Wurzelzeit wurden daraus wiederum die Wasseraufnahmekoeffizienten $A_{w,WAM,\vartheta,\theta}$ $[\mathrm{kg \cdot m^{-2} \cdot s^{-0,5}}]$ gebildet. Abbildung 6.25 vergleicht die Ergebnisse ohne Berücksichtigung von Temperatur und Feuchte nach Gleichung 5.16 mit den Ergebnissen einschließlich einer Berücksichtigung von Temperatur und Feuchte nach Gleichung 6.9. Als Vergleichskriterium ist die Reproduzierbarkeit der Messergebnisse, in Form der empirischen Standardabweichung, der untersuchten Varianten für verschiedene Prüfflächen, Prüfdrücke und Regressionsbereiche gewählt worden. Es zeigt sich eine deutliche Verringerung der empirischen Standardabweichung durch Anwendung der Korrektur.

6.8 Einfluss des Prüfdruckes

Bei Schlagregenereignissen wird die Fassadenoberfläche gleichzeitig mit einem Flüssigwasserkontakt und einer Windstaudruckwirkung beansprucht. Die Höhe der Windstaudruckbeanspruchung ergibt sich aus den klimatischen Randbedingungen und Exposition der Fassadenfläche. In der hygrothermischen Bauteilsimulation wird die Winddruckwirkung i. d. R. vernachlässigt. Auch das Standard-Wasseraufnahmeexperiment nach DIN EN ISO 15148 [2016] zur Beschreibung der Flüssigwasseraufnahme erfolgt ohne Applikation eines Prüfdruckes. Untersuchungen in Philip [1958], Zacharias et al. [1990] oder Hall and Hoff [2012] zeigen, dass bei geringen äußeren Drücken der Kapillardruck die maßgebliche Ursache für die Flüssigwasseraufnahme kapillarporöser Baustoffe darstellt. Anders verhält es sich im Bereich von Rissen (vgl. Dai et al. [2010], Zhang et al. [2014] oder Wagner [2016]). An dieser Stelle können bereits geringe Drücke das Eindringen von flüssigem Wasser beeinflussen. Auch grobporige Baustoffe wie Porenbeton zeigen ein erhöhtes Wasseraufnahmeverhalten bereits bei geringen Prüfdrücken (vgl. Zacharias et al. [1990]). Für die Untersuchung des Wasseraufnahmeverhaltens von Fassaden in situ erscheint daher die Anwendung eines regulierbaren Prüfdruckes sinnvoll. Das Wasseraufnahmemessgerät (WAM) simuliert die Schlagregenbeanspruchung von Fassadenoberflächen. Neben der Flüssigwasserkontakt-Randbedingung können untersuchte Fassaden zusätzlich mit einem Luftüberdruck beansprucht werden. Die Druckwirkung kann in einem Bereich zwischen $0 \leq p_{e,WAM} \leq 200$ [Pa] variabel eingestellt werden.

6.8.1 Windstaudruckbeanspruchung

Die Auswahl einer repräsentativen Druckbeanspruchung des Wasseraufnahmemessgeräts (WAM) leitet sich aus typischen Windstaudruckbelastungen bei Schlagregenereignissen ab. Perez-Bella et al. [2013] untersuchten Windstaudruckbelastungen anhand von langjährigen

Wetterdatensätzen in Spanien. Unabhängig der Windrichtung definierten die Autoren den Windstaudruck durch die Größe $DRWP$ [Pa] (*driving rain wind pressure*) wie folgt:

$$DRWP = 0,5 \cdot \rho_{air} \cdot v_{10}^2 \quad [\mathrm{Pa}] \tag{6.10}$$

wobei:

$DRWP$: Windstaudruck bei Regenereignissen
ρ_{air} : Dichte der Luft $[\mathrm{kg} \cdot \mathrm{m}^{-3}]$
v_{10} : Windgeschwindigkeit in 10 [m] Höhe $[\mathrm{m} \cdot \mathrm{s}^{-1}]$.

Für die Auswahl von realistischen Prüfdrücken wird folgend eine rechnerische Untersuchung anhand von Klimadatensätzen des Test Reference Year 2011 (TRY 2011) durchgeführt. Mithilfe von Gleichung 6.10 wurden Stundenmittelwerte des $DRWP$ [Pa] für 11 Standorte berechnet. Abbildung 6.26 zeigt die Verteilung der Stundenmittelwerte im Box-Plot-Format. Die Ergebnisse zeigen, dass Werte in einem Bereich zwischen $0 \leq DRWP \leq 200$ [Pa] eine realistische Annahme für durchschnittliche Windstaudruckwirkungen bei Schlagregenereignissen in der Bundesrepublik Deutschland darstellen.

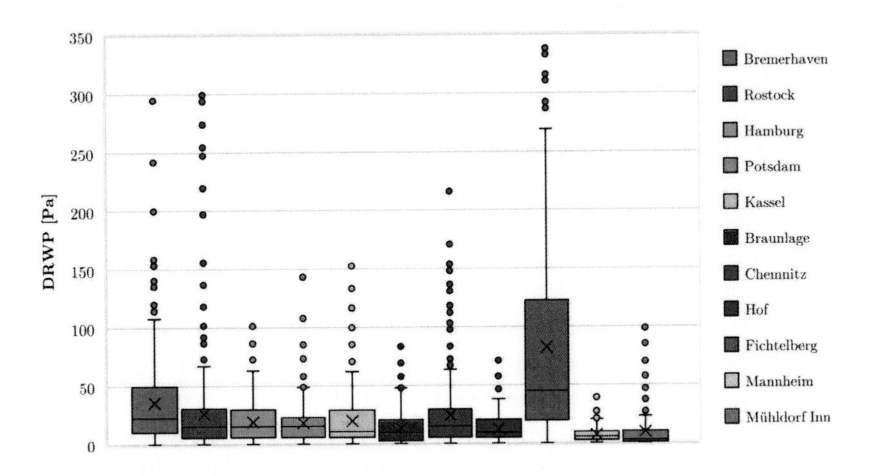

Abbildung 6.26: Vergleich der Verteilungen des $DRWP$ [Pa] (*driving rain wind pressure*) nach Perez-Bella et al. [2013] für 11 Klimadatensätze des Test Reference Year 2011

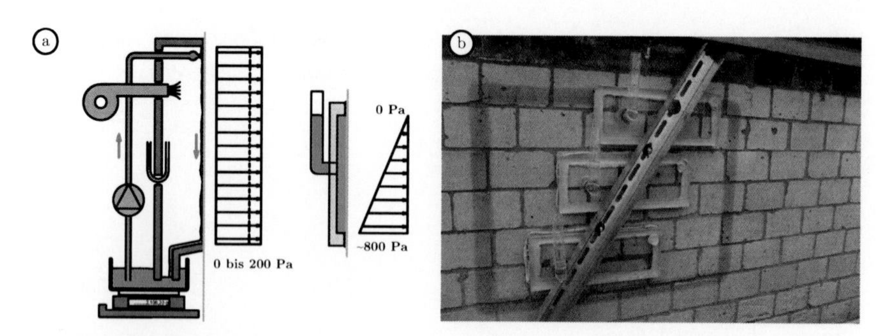

Abbildung 6.27: Prüfkonzept zur Untersuchung der Wasseraufnahme in situ mit verschiedenen Druckstufen (Wasseraufnahmemessgerät mit 0, 50, 100 und 200 [Pa] sowie WD Prüfplatte nach Franke mit ca. 400 [Pa]). Bildabschnitt ⓐ zeigt die Prüfdruckverteilung für die angewendeten Prüftechnologien des Wasseraufnahmemessgeräts und der WD Prüfplatte nach Franke. Bildabschnitt ⓑ zeigt die Anwendung der WD Prüfplatte nach Franke auf einer zuvor mittels WAM untersuchten Prüffläche.

6.8.2 Experimentelle Untersuchungen

Das im Abschnitt 6.3 vorgestellte Versuchskonzept beinhaltet In-situ-Messungen des Wasseraufnahmemessgeräts (WAM) unter Einwirkung verschiedener Prüfdrücke. Neben Messdurchführungen ohne vorhandenen Überdruck wurden Prüfdrücke von $p_{e,WAM} = 50$, 100 und 200 [Pa] an den drei Fassadenkonstruktionen realisiert. Die Messergebnisse wurden bereits in den Abschnitten 6.4 bis 6.7 präsentiert und auf den Einfluss von Temperatur und Startfeuchtegehalten hin analysiert. Die dabei rechnerisch temperatur- und feuchtekorrigierten Wasseraufnahmekoeffizienten $A_{w,WAM,\vartheta,\theta}$ $[\mathrm{kg} \cdot \mathrm{m}^{-2} \cdot \mathrm{s}^{-0,5}]$ werden folgend nach dem jeweils angelegten Prüfdruck unterschieden und verglichen. Zusätzlich wurden Messungen mit der WD Prüfplatte nach Franke et al. [1987] durchgeführt (vgl. Abschnitt 3.5.2). Die damit geprüften Messstellen sind mit denen der Untersuchungen des WAM identisch. Dabei wurden je drei WD Prüfplatten auf einer WAM-Messstelle je Messdurchgang angeordnet (vgl. Abbildung 6.27 Bildabschnitt ⓑ). Bei je vier Messdurchgängen wurden an den drei Fassaden somit zusätzlich 216 Wasseraufnahme-Untersuchungen mittels der WD Prüfplatte nach Franke et al. [1987] durchgeführt. Für die Bewertung der Messergebnisse wurden je die arithmetischen Mittelwerte je Messdurchgang gebildet. Dabei ergeben sich insgesamt 18 Mittelwerte aus je 12 Einzelprüfungen der WD Prüfplatte. Während die Technologie des WAM mit einem über die Prüffläche konstanten Prüfdruck arbeitet, variiert der Prüfdruck der WD Prüfplatte entsprechend der Staudruckwirkung über die Höhe. Abbildung 6.27 zeigt

Tabelle 6.5: Übersicht der erweiterten Untersuchungen an den drei Fassadenkonstruktionen*

	Dünnschicht-putzsystem	Sichtmauer-werk	Dickputz
DIN EN ISO 15148	6x4	7x4	6x4
WAM	7x4	6x4	5x18
WAM_{50}**	-	6x4	-
WAM_{100}**	7x4	6x4	5x4
WAM_{200}**	7x1	6x4	5x1
WD $Prüfplatte_{400}$**	(7x3)x4	(6x3)x4	(5x3)x4

* Die Werte sind dargestellt als „Anzahl der Messstellen bzw. Probekörper" x „Anzahl der Wiederholungsprüfungen je Messstelle"

** Messung mit Wasseraufnahmemessgerät bei verschiedenen Prüfdrücken von 50, 100, 200 und 400 [Pa]

im Bildabschnitt ⓐ die prinzipielle Prüfdruckverteilung der beiden Verfahren. Ausgehend von einer Dreiecksverteilung wird die mittlere Druckbeanspruchung der WD Prüfplatte mit $p_{e,WD} \approx 400$ [Pa] geschätzt. Aufgrund der verschiedenen Wirkprinzipien der beiden eingesetzten Verfahren ist die Vergleichbarkeit eingeschränkt. Durch die deutlich kleinere Prüffläche und das manuelle Ableseverfahren wird der WD Prüfplatte eine größere Messunsicherheit zugeschrieben. Dennoch sollte eine tendenzielle Gegenüberstellung der Messergebnisse der beiden Verfahren möglich sein. Durch die zusätzlichen Untersuchungen ergänzt sich die Variantenplanung aus Abschnitt 6.3 zu Tabelle 6.5. Bei der Anwendung der WD Prüfplatte werden Systemverluste, beispielsweise durch die Verdunstung im Messröhrchen, vernachlässigt. Eine Berücksichtigung von Temperaturen und Startfeuchtegehalten erfolgte analog der Abschnitte 6.16 und 6.6. Für die Auswertung der Messwerte der WD Prüfplatte ohne vorhandene Gerätekalibrierung erfolgte die Anpassung von Gleichung 6.9 entsprechend zu:

$$\overbrace{m_{WD,3D}(t,\vartheta,\theta)}^{Messsignal\,der\,WD\,Prüfplatte} = \overbrace{m_{WD}(t)\cdot\left(\frac{\sigma_w(\vartheta)\cdot\eta_{w,ref}}{\sigma_{w,ref}\cdot\eta_w(\vartheta)}\right)^{0,5}\cdot(1-\theta_{ir})^{0,5}}^{Wasseraufnahme\,1D} + \underbrace{\frac{m_{WD}(t)^2\cdot\gamma}{(\theta_{cap}-\theta_{50})\cdot\rho_w\cdot\bar{R}}\cdot\left(\frac{\sigma_w(\vartheta)\cdot\eta_{w,ref}}{\sigma_{w,ref}\cdot\eta_w(\vartheta)}\right)\cdot(1-\theta_{ir})}_{dreidimensionale\,Randeffekte}\ [\mathrm{kg}\cdot\mathrm{m}^{-2}] \quad (6.11)$$

wobei:

$m_{WD,3D}(t)$: Messsignal der WD Prüfplatte $[\text{kg} \cdot \text{m}^{-2}]$
$m_{WD}(t)$: Eindimensionale Wasseraufnahme $[\text{kg} \cdot \text{m}^{-2}]$
σ_w : Oberflächenspannung des Wassers $[\text{kg} \cdot \text{s}^{-2}]$
η_w : Dynamische Viskosität des Wassers $[\text{kg} \cdot \text{m}^{-1} \cdot \text{s}^{-1}]$
θ_{ir} : Kapillarer Sättigungsgrad der Startfeuchte $[-]$
γ : Proportionalitätskonstante $\approx 0,7\ [-]$
$(\theta_{cap} - \theta_{50})$: Kapillarer Feuchtegehaltsgradient $\approx 0,206\ [\text{m}^3 \cdot \text{m}^{-3}]$
ρ_w : Dichte des Wassers $\approx 1000\ [\text{kg} \cdot \text{m}^{-3}]$
$\bar{R}_{WD}$: Mittlerer Radius der Wasserkontaktfläche $\approx 0,0803\ [\text{m}]$.

In separaten Regressionsanalysen werden aus den berechneten Datenreihen der eindimensionalen Wasseraufnahme der WD Prüfplatte $m_{WD}(t)$ $[\text{kg} \cdot \text{m}^{-2}]$ die entsprechenden Wasseraufnahmekoeffizienten $A_{w,WD}$ $[\text{kg} \cdot \text{m}^{-2} \cdot \text{s}^{-0,5}]$ analog DIN EN ISO 15148 [2016] bestimmt. Die Abbildungen 6.28 zeigen die Ergebnisse der Wasseraufnahmekoeffizienten der drei Methoden, aufgetragen über den mittleren Prüfdruck. Da bei der Technologie des Wasseraufnahmemessgeräts der Prüfdruck erst nach einer gewissen Einlaufphase zugeschaltet wird, ist für die beiden untersuchten Putzsysteme lediglich der zweite Regressionsbereich einbezogen. Die Ergebnisse zeigen ein diskontinuierliches Bild. Beim Dünnschichtputz im Bildabschnitt ⓑ zeigt sich ein weitgehend konstanter Wertebereich für die Ergebnisse nach DIN EN ISO 15148 [2016] und denen des WAM zwischen $0,004 \leq A_w \leq 0,010$ $[\text{kg} \cdot \text{m}^{-2} \cdot \text{s}^{-0,5}]$. Lediglich die Messergebnisse der WD Prüfplatte bei einem Prüfdruck von 400 [Pa] zeigen im Vergleich dazu systematisch erhöhte Werte. Bei allgemein niedrigen gemessenen Wasseraufnahmekoeffizienten und bei Vernachlässigung der Ergebnisse der WD Prüfplatte lässt sich kein relevanter Einfluss des Prüfdruckes auf das Wasseraufnahmeverhalten des Dünnschichtputzes identifizieren. Die Ergebnisse der Sichtmauerwerksfassade im Bildabschnitt ⓒ zeigen im Gegensatz dazu einen deutlich kontinuier-

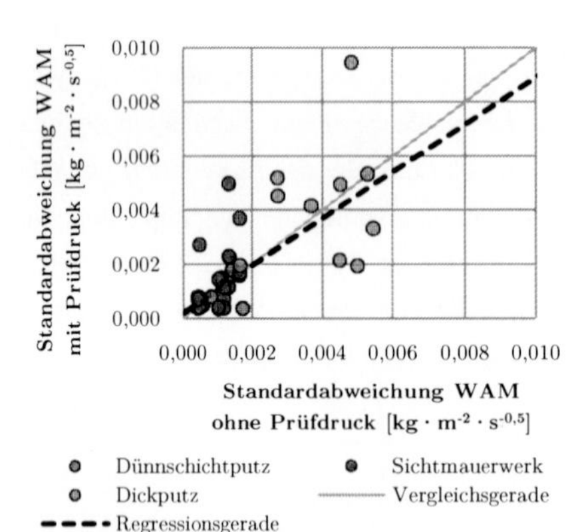

Abbildung 6.29: Gegenüberstellung der empirischen Standardabweichungen der durch das Wasseraufnahmemessgerät gemessenen Wasseraufnahmekoeffizienten, ohne sowie mit vorhandenem Prüfdruck

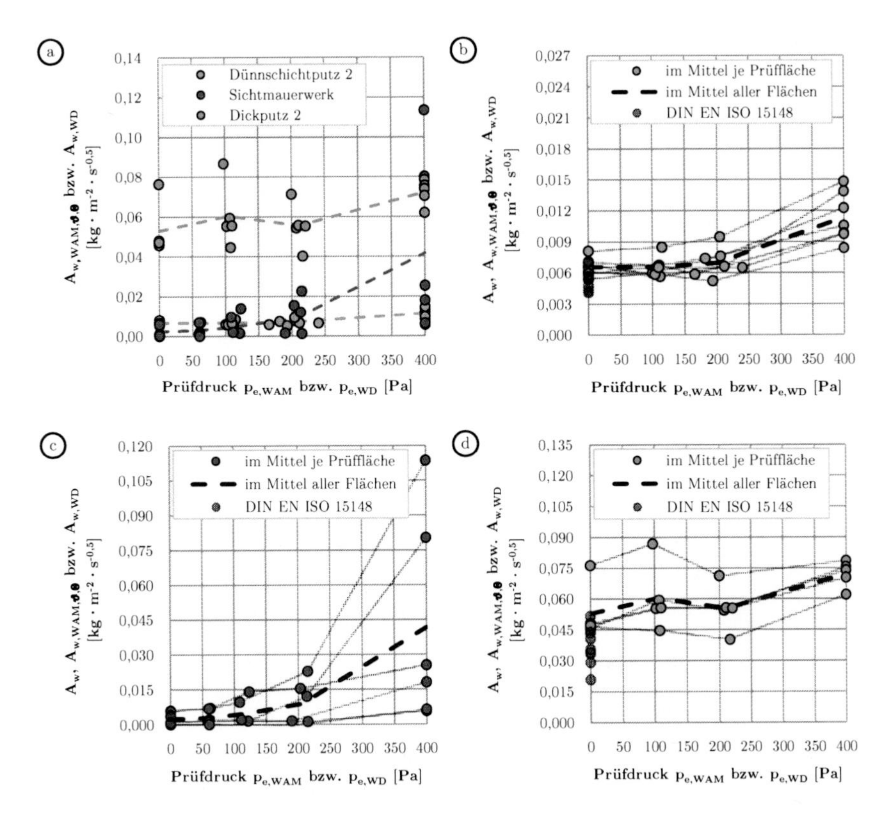

Abbildung 6.28: Darstellung der gemessenen Wasseraufnahmekoeffizienten über dem angewendeten Prüfdruck. Die Datenpunkte zeigen die arithmetischen Mittelwerte je Prüffläche für die Untersuchungsverfahren nach DIN EN ISO 15148 [2016], des Wasseraufnahmemessgeräts (WAM) und der WD Prüfplatte nach Franke et al. [1987]. ⓐ zeigt eine Übersicht der Messdaten, ⓑ die Ergebnisse der Dünnschichtputzfassade, ⓒ die Ergebnisse der Sichtmauerwerksfassade und ⓓ die Ergebnisse der Dickputzfassade.

lichen Anstieg der gemessenen Wasseraufnahmekoeffizienten mit dem vorhandenen Prüfdruck. Bei den Ergebnissen des Dickputzes lässt sich ein leichter Anstieg der gemessenen Wasseraufnahmekoeffizienten mit steigendem Prüfdruck feststellen. Die Ergebnisse zeigen, dass das gemessene Wasseraufnahmeverhalten von Fassaden bereits bei – gegenüber dem Kapillardruck – geringen Drücken relevant beeinflusst werden kann. Insbesondere bei der untersuchten Sichtmauerwerksfassade. Für die Nutzung der Prüfdruckanlage des Wasseraufnahmemessgeräts in der Praxis ergeben sich damit zwei prinzipielle Untersuchungsziele. Zum einen ermöglicht die Anwendung eines definiert vorhandenen Prüfdruckes eine sehr realitätsnahe Prüfung von Schlagregenbeanspruchungen auf Fassadenflächen. Zum anderen liefern drucklose Untersuchungen eine hohe Vergleichbarkeit der Messergebnisse zu denen des Standardverfahrens nach DIN EN ISO 15148 [2016]. Für die Validierung des WAM stellt sich die Frage, inwieweit die Druckluftanlage die Messunsicherheit des Geräts beeinflusst. Abbildung 6.29 vergleicht die Reproduzierbarkeit der Messergebnisse ohne und mit vorhandenem Prüfdruck. Es zeigt sich kein signifikanter Einfluss der Prüfdruckanlage auf die Reproduzierbarkeit der Messergebnisse des WAM.

6.9 Gegenüberstellung Laborexperiment mit Wasseraufnahmemessgerät in situ

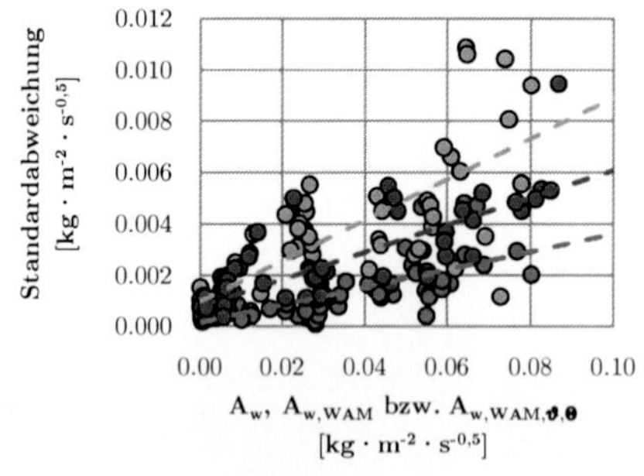

Abbildung 6.31: Gegenüberstellung der empirischen Standardabweichungen der durch das Wasseraufnahmemessgerät gemessenen Wasseraufnahmekoeffizienten, ohne sowie mit vorhandenem Prüfdruck

Während die vorangegangenen Abschnitte 6.5 bis 6.8 verschiedene Effekte untersuchten, die das Messsignal des entwickelten Wasseraufnahmemessgeräts (WAM) unter In-situ-Randbedingungen beeinflussen können, erfolgt nun der eigentliche Vergleich zwischen den Messergebnissen aus dem Laborversuch nach DIN EN ISO 15148 [2016] und denen des WAM in situ. Der vorausgegangene Abschnitt 6.8 zeigte, dass ein vorhandener Prüfdruck das Messsignal des WAM systematisch beeinflussen kann. Ein Effekt auf die Reproduzierbarkeit auf das Messsignal konnte dabei nicht identifiziert werden. Für einen realistischen Vergleich mit den Ergebnissen des Laborexperimentes werden daher folgend die temperatur- und feuchtekorrigierten Messergebnisse des WAM ohne vorhandenen Prüfdruck verwendet. Abbildung 6.30 zeigt die Gegenüberstellung der Wasseraufnahmekoeffizienten der drei untersuchten Fassadenflächen aus Abschnitt 6.7. Bildabschnitt ⓐ zeigt dabei die direkte Gegenüberstellung von gemessenen Wasseraufnahmekoeffizienten aus dem Laborexperiment mit denen des Wasseraufnahmemessgeräts mit einer Vergleichsge-

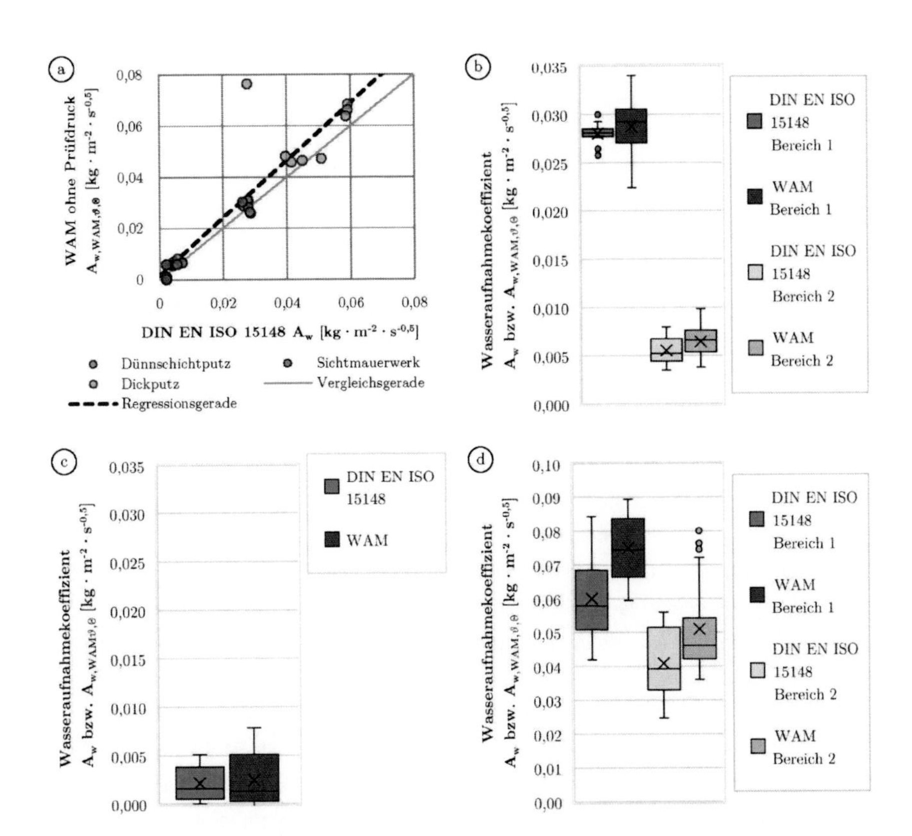

Abbildung 6.30: Gegenüberstellung der gemessenen Wasseraufnahmekoeffizienten von entnommenen Materialproben nach DIN EN ISO 15148 [2016] A_w $[\mathrm{kg \cdot m^{-2} \cdot s^{-0,5}}]$ mit den temperatur- und feuchtekorrigierten Messergebnissen ohne vorhandenen Prüfdruck des Wasseraufnahmemessgeräts $A_{w,WAM,\vartheta,\theta}$ $[\mathrm{kg \cdot m^{-2} \cdot s^{-0,5}}]$. Bildabschnitt ⓐ zeigt die Gegenüberstellung der arithmetischen Mittelwerte der jeweils untersuchten Fassadenflächen. Ferner dargestellt sind die Gegenüberstellung der gemessenen Verteilungen der Ergebnisse im Box-Plot-Format für ⓑ die Dünnschichtputzfassade, ⓒ die Sichtmauerwerksfassade und ⓓ die Dickputzfassade.

raden. Die resultierende Steigung der Regressionsgeraden von $\beta = 1,122$ deutet auf eine schwach wachsende Messdifferenz zwischen beiden Verfahren hin. Dennoch liegt die Regressionsgerade nahe an der Vergleichsgeraden. Der Schnittpunkt der Regressionsgeraden mit der Y-Achse bei $\alpha = 0,0016\,[\mathrm{kg \cdot m^{-2} \cdot s^{-0,5}}]$ zeigt eine schwache systematische Messdifferenz zwischen beiden Verfahren. In Bildabschnitt ⓑ bis ⓓ sind die Verteilungen der

Tabelle 6.6: Ergebnisse der bestimmten Variationskoeffizienten und Standardmessunsicherheiten der untersuchten Varianten

	Variationskoeffizient $v\ [-]$	Standardmessunsicherheit $s\ [\mathrm{kg \cdot m^{-2} \cdot s^{-0,5}}]$
DIN EN ISO 15148	0,0345	0,0003
WAM Rohdaten	0,0794	0,0010
WAM Temperatur korrigiert	0,0706	0,0007
WAM Feuchte korrigiert	0,0605	0,0010
WAM Temperatur + Feuchte	0,0530	0,0008

gemessenen Wasseraufnahmekoeffizienten der untersuchten Fassadenflächen gegenübergestellt. Mit Ausnahme des ersten Saugabschnittes der Dickputzfassade im Bildabschnitt ⓓ zeigt sich eine gute Übereinstimmung der Messergebnisse aus beiden Methoden. Für die Abschätzung und die Gegenüberstellung der Messunsicherheiten der beiden Methoden werden folgend die empirischen Standardabweichungen der geprüften Varianten analog Abschnitt 6.1 untersucht. Abbildung 6.31 zeigt dabei die empirische Standardabweichung, aufgetragen über den mittleren Wasseraufnahmekoeffizienten der jeweiligen Varianten. Vergleichend dargestellt sind Ergebnisse aus Laborversuchen nach DIN EN ISO 15148 [2016], dem Wasseraufnahmemessgerät ohne sowie mit Korrektur der Temperatur und Startfeuchte. Für die Anwendung der rechnerischen Korrektur von Temperatur und Startfeuchtegehalten zeigt sich im Mittel eine Verringerung der Standardabweichung der untersuchten Varianten um ca. ein Drittel. D. h. die In-situ-Reproduzierbarkeit der WAM-Messergebnisse erhöht sich deutlich durch Anwendung von Gleichung 6.9 aus Abschnitt 6.7. Wie bereits in Abschnitt 6.1 beschrieben, können aus diesen Daten entsprechend die empirischen Variationskoeffizienten v sowie die Standardmessunsicherheit der Verfahren abgeschätzt werden. Der Variationskoeffizienten berechnet sich aus dem mittleren Verhältnis von Standardabweichung zu arithmetischem Mittelwert bzw. der Neigung der in Abbildung 6.1 dargestellten Regressionsgeraden. Die Standardmessunsicherheit der Verfahren entspricht dem Schnittpunkt mit der Y-Achse. Tabelle 6.6 stellt die ermittelten empirischen Variationskoeffizienten und die Standardmessunsicherheiten für die untersuchten Auswertungsalgorithmen gegenüber. Bei Anwendung von Gleichung 6.9 ließe sich demnach die Messunsicherheit des WAM für eine Stichprobengröße von $n \geq 4$ abschätzen durch:

$$s_{WAM} = 0,0530 \cdot A_{w,WAM,\vartheta,\theta} + 0,0008 \quad [\mathrm{kg \cdot m^{-2} \cdot s^{-0,5}}]. \tag{6.12}$$

Übertragen auf die unterste Nachweisgrenze an den Schlagregenschutzes lt. WTA Merkblatt 6-5 [2014] ergibt sich für die Ergebnisse des Wasseraufnahmemessergätes in situ eine Reproduzierbarkeit der Messergebnisse von $A_{w,WAM,\vartheta,\theta} = 0,0033 \pm 0,0010$ $[\mathrm{kg} \cdot \mathrm{m}^{-2} \cdot \mathrm{s}^{-0,5}]$, bei einer Stichprobengröße von $n \geq 4$. Im Vergleich dazu ergibt sich die Reproduzierbarkeit des Laborexperimentes auf Grundlage der Ergebnisse aus Tabelle 6.6, zu $A_w = 0,0033 \pm 0,0005$ $[\mathrm{kg} \cdot \mathrm{m}^{-2} \cdot \mathrm{s}^{-0,5}]$.

6.10 Zusammenfassung

Das zurückliegende Kapitel beschreibt eine Studie zum Wasseraufnahmeverhalten von drei verschiedenen Fassadenkonstruktionen. In einem umfangreichen Messkonzept wurden Baustoffproben entnommen und nach DIN EN ISO 15148 [2016] im Labor getestet. An insgesamt 18 ausgewählten Fassadenstellen erfolgten insgesamt 274 In-situ-Einzelprüfungen mittels Wasseraufnahmemessgerät und 216 mittels der WD Prüfplatte. Durch die parallel durchgeführten Aufzeichnungen der Wassertemperaturen und Feuchtegehalte der Fassadenbaustoffe konnten deren Beeinflussung auf die Messergebnisse identifiziert und nachträglich berücksichtigt werden. Die Untersuchung des Wasseraufnahmeverhaltens in situ mit verschiedenen Prüfdrücken zeigt ein differenziertes Bild. Bei zwei verputzten Fassaden bewirkte ein angelegter Prüfdruck keinen bis einen geringen Effekt auf die gemessene Wasseraufnahme. Hingegen zeigt sich bei der Prüfung einer Sichtmauerwerksfassade ein davon abweichendes Bild. Hier führte eine Druckbeanspruchung zu einer z. T. deutlichen Steigerung der aufgenommenen Wassermengen. Ausgehend von üblich geringen Windstaudruckbelastungen bei Schalgregenereignissen kann der Effekt für die allermeisten Prüfszenarien vernachlässigt werden. Eine direkte Gegenüberstellung von Messwerten aus dem Laborexperiment nach DIN EN ISO 15148 [2016] mit denen des Wasseraufnahmemessgeräts zeigen eine prinzipiell gute Übereinstimmung der Ergebnisse der beiden Verfahren.

7 Zusammenfassung

Allgemein steigende Anforderungen an den Schlagregenschutz von Gebäudefassaden erfordern verbesserte Untersuchungsmöglichkeiten zum hygrischen Verhalten von Fassadenbaustoffen. Im Rahmen dieser Arbeit wurde das Wasseraufnahmemessgerät (WAM) entwickelt. Das Messverfahren dient der Untersuchung des Wassereindringverhaltens von Fassaden. Das Ziel war ein Verfahren zur zerstörungsfreien Bestimmung des Wasseraufnahmekoeffizienten $A_{w,WAM}$ $[\mathrm{kg \cdot m^{-2} \cdot s^{-0,5}}]$ von Fassadenoberflächen.

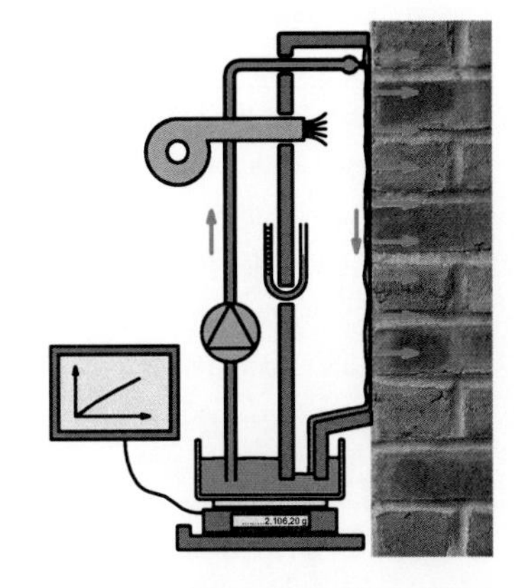

Abbildung 7.1: Prinzipielle Darstellung des Funktionsprinzips des entwickelten Wasseraufnahmemessgeräts (WAM)

Nach einer Einführung in die Thematik beschreibt Kapitel 4 die Vorgehensweise bei der Entwicklung des WAM-Messkonzeptes, dargestellt in Abbildung 7.1. Der dabei resultierende WAM-Prototyp (siehe Abbildung 7.2 ⓑ) bildet die technische Grundlage für diese Arbeit. In einem In-situ-Experiment wird ein Rahmen temporär an einer Außenwand fixiert. Ein darin abgeschlossener Fassadenbereich von $40 \cdot 51$ $[\mathrm{cm}]$ wird über einen Zeitraum von 60 $[\mathrm{min}]$ künstlich beregnet. Aus dem Gewichtsverlust berechnet sich die aufgenommene Wassermesse als Datenreihe über die Zeit $m_{WAM}(t)$ $[\mathrm{kg \cdot m^{-2}}]$.

Neben der reinen Entwicklungsarbeit stand die Validierung des WAM und die Vergleichbarkeit der Ergebnisse mit dem Standard-Laborversuch nach DIN EN ISO 15148 [2016] im Mittelpunkt der Arbeit. Es sollte untersucht werden, mit welcher Genauigkeit das WAM den Wasseraufnahmekoeffizient von Fassadenflächen in situ bestimmen kann. In verschiedenen Kapiteln betrachtet die Arbeit Effekte, die das Messsignal des WAM oder den Flüssigwassertransport beeinflussen können. Hierzu zählen:

- Kalibrierverluste des Wasseraufnahmemessgeräts
- dreidimensionale Wasseraufnahme im Bereich des Benetzungsflächenrandes
- abweichende Wassertemperaturen
- erhöhte Startfeuchtegehalte
- der Einfluss angewendeter Prüfdrücke.

Kapitel 5 beschreibt die Validierung des WAM unter Laborbedingungen. In einer experimentellen Analyse wurde eine mittlere Kalibrierfunktion für Wasserverluste des WAM numerisch bestimmt. Es folgt die Untersuchung von dreidimensionalen Verteilungseffekten im Bereich des Randes der Benetzungsfläche. Ausgehend von einem vereinfachten Ansatz konnte dieser Effekt rechnerisch abgeschätzt werden. In einer experimentellen Analyse wurden verschiedene Baustoffe mittels WAM und im Laborversuch nach DIN EN ISO 15148 [2016] geprüft und gegenübergestellt. Es zeigt sich eine gute Übereinstimmung zwischen beiden Methoden als Laborversuch.

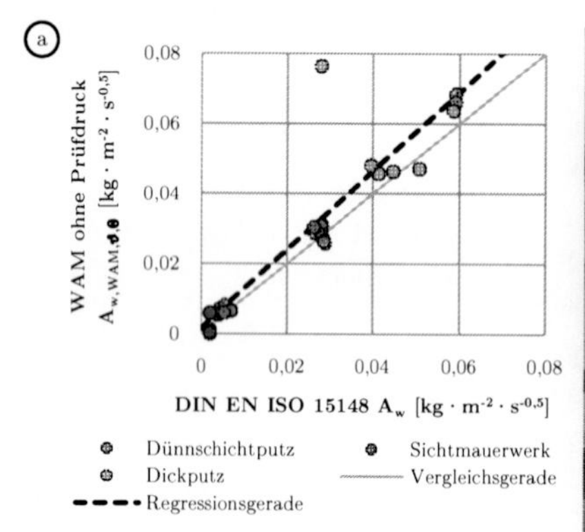

Abbildung 7.2: ⓐ Vergleich der gemessenen Wasseraufnahmekoeffizienten in situ mittels WAM und im Laborexperiment und ⓑ Foto des entwickelten WAM-Prototyps

Das anschließende Kapitel 6 zeigt eine umfassende Studie zur Untersuchung des Wasseraufnahmeverhaltens von drei verschiedenen Fassadenkonstruktionen. In einer statistischen Auswertung von In-situ-Messungen zeigen sich Einflüsse der Temperatur und Startfeuchtegehalte auf die Messergebnisse. In einer rechnerischen Untersuchung konnten diese Einflüsse nachträglich abschätzend berücksichtigt werden. Ergebnisse bei vorhandenen Prüfdrücken zeigen z. T. ein zunehmendes Wasseraufnahmeverhalten mit steigender

Druckbeanspruchung. Ausgehend von einer bei Schlagregenereignissen allgemein niedrigen Windstaudruckbeanspruchung kann dessen Einfluss auf das Wasseraufnahmeverhalten vernachlässigt werden.

Unter Berücksichtigung von Kalibrierverlusten des WAM, dreidimensionale Wasseraufnahme im Randbereich, Temperatur- sowie Startfeuchteeffekten lässt sich das Messsignal des entwickelten WAM durch folgenden funktionalen Zusammenhang beschreiben:

$$\overbrace{m_{WAM,3D}(t,\vartheta,\theta)}^{Messsignal\,des\,WAM} = \overbrace{0,00108 \cdot t^{0,5} + 0,21868}^{Kalibrierfunktion}$$

$$+ \overbrace{m_{WAM}(t) \cdot \underbrace{\left(\frac{\sigma_w(\vartheta) \cdot \eta_{w,ref}}{\sigma_{w,ref} \cdot \eta_w(\vartheta)}\right)^{0,5}}_{Temperaturkorrektur} \cdot \underbrace{(1-\theta_{ir})^{0,5}}_{Startfeuchtekorrektur}}^{Wasseraufnahme\,1D} \tag{7.1}$$

$$+ \overbrace{\frac{m_{WAM}(t)^2 \cdot \gamma}{(\theta_{cap} - \theta_{50}) \cdot \rho_w \cdot \bar{R}} \cdot \underbrace{\left(\frac{\sigma_w(\vartheta) \cdot \eta_{w,ref}}{\sigma_{w,ref} \cdot \eta_w(\vartheta)}\right)}_{Temperaturkorrektur} \cdot \underbrace{(1-\theta_{ir})}_{Startfeuchtekorrektur}}^{dreidimensionale\,Randeffekte} \quad [\mathrm{kg \cdot m^{-2}}]$$

wobei:

$m_{WAW,3D}(t)$: Messsignal des Wasseraufnahmemessgeräts $[\mathrm{kg \cdot m^{-2}}]$
$m_{WAM}(t)$: Eindimensionale Wasseraufnahme $[\mathrm{kg \cdot m^{-2}}]$
σ_w : Oberflächenspannung des Wassers $[\mathrm{kg \cdot s^{-2}}]$
η_w : Dynamische Viskosität des Wassers $[\mathrm{kg \cdot m^{-1} \cdot s^{-1}}]$
ϑ : Temperatur des befeuchteten Baustoffs $[°\mathrm{C}]$
θ_{ir} : Kapillarer Sättigungsgrad der Startfeuchte $[-]$
γ : Proportionalitätskonstante $\approx 0,7\ [-]$
$(\theta_{cap} - \theta_{50})$: Kapillarer Feuchtegehaltsgradient $\approx 0,206\ [\mathrm{m^3 \cdot m^{-3}}]$
ρ_w : Dichte des Wassers $\approx 1000\ [\mathrm{kg \cdot m^{-3}}]$
$\bar{R}_{WAM}$: Mittlerer Radius der Wasserkontaktfläche $[\mathrm{m}]$.

Unter Anwendung von Gleichung 7.1 zeigt sich im Ergebnis eine gute Übereinstimmung zwischen den Messergebnissen des Laborversuchs nach DIN EN ISO 15148 [2016] (A_w $[\mathrm{kg \cdot m^{-2} \cdot s^{-0,5}}]$) und den In-situ-Messergebnissen des entwickelten Wasseraufnahmemessgeräts ($A_{w,WAM,\vartheta,\theta}$ $[\mathrm{kg \cdot m^{-2} \cdot s^{-0,5}}]$). Abbildung 7.2 ⓐ zeigt die gemessenen Wasseraufnahmekoeffizienten der drei in Kapitel 6 untersuchten Fassadenkonstruktionen. Dabei sind die Ergebnisse des entwickelten Wasseraufnahmemessgeräts und des Laborversuchs nach DIN EN ISO 15148 [2016] gegenübergestellt. Es zeigt sich eine prinzipiell gute Übereinstimmung der Ergebnisse beider Verfahren.

Abbildungsverzeichnis

Tabellenverzeichnis

Literaturverzeichnis

ASTM C 1601. Test Method for Field Determination of Water Penetration of Masonry Wall Surfaces, 2014.

ASTM E 514. Standard Test Method for Water Penetration and Leakage Through Masonry, 2011.

Michael Auras. *Leitfaden Naturstein-Monitoring: Nachkontrolle und Wartung als zukunftsweisende Erhaltungsstrategien.* Fraunhofer-IRB-Verl., Stuttgart, 2011. ISBN 9783816784074.

Daniel Bernoulli. *Hydrodynamica, sive De viribus et motibus fluidorum commentarii: Opus academicum ab auctore, dum Petropoli ageret, congestum.* Dulsecker, J.R., Argentorati (Strassburg), 1738.

Mark Bomberg, M. Pazera, and Rudolph Plagge. Analysis of Selected Water Absorption Coefficient Measurements. *Journal of Building Physics*, 28(3):227–243, 2005. ISSN 1744-2591. doi: 10.1177/1097196305047003.

Hans Brüning. Wassereindringen in Verblendmauerwerk. *Deutsche Bauzeitung*, 133(11): 80–82, 1989.

Wilfried Brutsaert. The concise formulation of diffusive sorption of water in a dry soil. *Water Resources Research*, 12(6):1118–1124, 1976. ISSN 00431397. doi: 10.1029/WR012i006p01118.

Inc Building Diagnostics Group. ASTM C 1601 | Masonry Wall Penetration Testing, 2018. URL `http://www.bdg-usa.com/astm-1601.html`.

Erich Cziesielski and Michael Bonk. *Bauschäden-Sammlung.* Forum-Verl., Stuttgart, 3., unveränd. aufl. edition, 2000. ISBN 978-3-8167-4182-4.

Günter Dahmen. Wasseraufnahme von Sichtmauerwerk, Prüfmethoden und Aussagewert. *Tagungsband Aachener Bausachverständigentage 1989*, pages 41–47, 1989.

Jian-Guo Dai, Y. Akira, F. H. Wittmann, H. Yokota, and Peng Zhang. Water repellent surface impregnation for extension of service life of reinforced concrete structures in marine environments: The role of cracks. *Cement and Concrete Composites*, 32(2):101–109, 2010. ISSN 09589465. doi: 10.1016/j.cemconcomp.2009.11.001.

DIN 4108-3. Wärmeschutz und Energie-Einsparung in Gebäuden – Teil 3: Klimabedingter Feuchteschutz – Anforderungen, Berechnungsverfahren und Hinweise für Planung und Ausführung, 2018.

DIN EN ISO 15148. Wärme- und feuchtetechnisches Verhalten von Baustoffen und Bauprodukten - Bestimmung des Wasseraufnahmekoeffizienten bei teilweisem Eintauchen, 2016.

DIN EN ISO/IEC 17025. Allgemeine Anforderungen an die Kompetenz von Prüf- und Kalibrierlaboratorien, 2017.

Chi Feng and Hans Janssen. The influence of temperature on the capillary absorption coefficient-a confrontation of two recent papers in building and environment. *Building and Environment*, 116:257–258, 2017. ISSN 03601323. doi: 10.1016/j.buildenv.2016.11.049.

Chi Feng and Hans Janssen. Hygric properties of porous building materials (III): Impact factors and data processing methods of the capillary absorption test. *Building and Environment*, 134:21–34, 2018. ISSN 03601323. doi: 10.1016/j.buildenv.2018.02.038.

Chi Feng, Hans Janssen, Ya Feng, and Qinglin Meng. Hygric properties of porous building materials: Analysis of measurement repeatability and reproducibility. *Building and Environment*, 85:160–172, 2015. ISSN 03601323. doi: 10.1016/j.buildenv.2014.11.036.

Chi Feng, Jelena Todorović, and Hans Janssen. Impact of time and personnel on measurements of the hygric properties of building materials. *Energy Procedia*, 132:291–296, 2017. ISSN 18766102. doi: 10.1016/j.egypro.2017.09.729.

Lutz Franke and Hermann Bentrup. Einfluss von Rissen auf die Schlagregensicherheit von hydrophobiertem Mauerwerk und Prüfung der Hydrophobierbarkeit, Teil 1. *Bautenschutz + Bausanierung*, 14(6):98–101, 1991a.

Lutz Franke and Hermann Bentrup. Einfluss von Rissen auf die Schlagregensicherheit von hydrophobiertem Mauerwerk und Prüfung der Hydrophobierbarkeit, Teil 2. *Bautenschutz + Bausanierung*, 14(7):117–121, 1991b.

Lutz Franke, Robert Kittl, and Sabine Witt. Hydrophobierung von Fassaden - eine sinnvolle Maßnahme? *Bauphysik*, 9(5):181–187, 1987. ISSN 01715445.

Rudolf Gesztelyi, Judit Zsuga, Adam Kemeny-Beke, Balazs Varga, Bela Juhasz, and Arpad Tosaki. The Hill equation and the origin of quantitative pharmacology. *Archive for History of Exact Sciences*, 66(4):427–438, 2012. ISSN 0003-9519. doi: 10.1007/s00407-012-0098-5.

Arndt Göller. Mikrowellenbasierte Rasterfeuchtemessung – Moderne Konzepte der Feuchtemessung in Bauwerken. *Bautechnik*, 84(6):417–422, 2007. ISSN 0932-8351. doi: 10.1002/bate.200790120.

Arndt Göller. Mikrowellen-Rasterfeuchtemessungen in Multischicht-Technologie. *Mauerwerk*, 17(1):43–48, 2013. ISSN 14323427. doi: 10.1002/dama.201302103.

Ana S. Guimarães, V. P. de Freitas, J.M.P.Q. Delgado, and T. Rego. The Interface Effect in the Water Absorption in Ceramic Brick. *Energy Procedia*, 78:1395–1400, 2015. ISSN 18766102. doi: 10.1016/j.egypro.2015.11.160.

Ana S. Guimarães, J.M.P.Q. Delgado, V. P. de Freitas, and A. P. Albuquerque. The Effect of Salt Solutions and Absorption Cycles in the Capillary and Drying Coefficient of Red Brick Samples with Different Joints. *Advances in Materials Science and Engineering*, 2016: 1–12, 2016. ISSN 1687-8434. doi: 10.1155/2016/7868194.

R. J. Gummerson, Christopher Hall, W. D. Hoff, R. Hawkes, G. N. Holland, and W. S. Moore. Unsaturated water flow within porous materials observed by NMR imaging. *Nature*, 281 (5726):56–57, 1979. ISSN 0028-0836. doi: 10.1038/281056a0.

R. J. Gummerson, Christopher Hall, and W. D. Hoff. Water movement in porous building materials—II. Hydraulic suction and sorptivity of brick and other masonry materials. *Building and Environment*, 15(2):101–108, 1980. ISSN 03601323. doi: 10.1016/0360-1323(80)90015-3.

Kerstin Haindl, Tobias Schöner, Daniel Zirkelbach, and Cornelia Fitz. Was ist bei Karsten & Co. zu beachten? Beurteilung des Regenschutzes einer Fassade. *Bauen im Bestand*, 39 (3):33–37, 2016.

Christopher Hall. Water sorptivity of mortars and concretes: A review. *Magazine of Concrete Research*, 41(147):51–61, 1989. ISSN 0024-9831. doi: 10.1680/macr.1989.41.147.51.

Christopher Hall and William D. Hoff. *Water transport in brick, stone and concrete.* Spon, London, 2nd ed. edition, 2012. ISBN 9780415564670.

Christopher Hall, W. D. Hoff, and M. Skeldon. The sorptivity of brick: Dependence on the initial water content. *Journal of Physics D: Applied Physics*, 16(10):1875–1880, 1983. ISSN 0022-3727. doi: 10.1088/0022-3727/16/10/011.

Peter Häupl, Horst Stopp, Peter Strangfeld, and John Grunewald. Kapillare und gravitative Feuchteleitung in kapillarporösen Baustoffen. *Gesundheits-Ingenieur*, 114(1):19–30, 1993.

R. Haverkamp, J. P. Ross, K. R. J. Smettem, and J. Y. Parlange. Three-dimensional analysis of infiltration from the disc infiltrometer: 2. Physically based infiltration equation. *Water Resources Research*, 30(11):2931–2935, 1994.

Matthias Hendorf. Kolumba Westfassade des Museums wird zur Trocknung eingerüstet. *Kölnische Rundschau*, 2016(26.10.), 2016.

Roel Hendrickx. Using the Karsten tube to estimate water transport parameters of porous building materials. *Materials and Structures*, 46(8):1309–1320, 2013. ISSN 1359-5997. doi: 10.1617/s11527-012-9975-2.

Andreas Holm, Martin Krus, and Hartwig M. Künzel. Feuchtetransport über Materialgrenzen im Mauerwerk / Moisture transport through interfaces in masonry. *Restoration of Buildings and Monuments*, 2(5), 1996. ISSN 1864-7022. doi: 10.1515/rbm-1996-5130.

IAPWS. Release on the IAPWS Formulation 2008 for the Viscosity of Ordinary Water Substance: The International Association for the Properties of Water and Steam, 2008.

IAPWS. Revised Release on Surface Tension of Ordinary Water Substance: The International Association for the Properties of Water and Steam, 2014.

Ioannis Ioannou, Andrea Hamilton, and Christopher Hall. Capillary absorption of water and n-decane by autoclaved aerated concrete. *Cement and Concrete Research*, 38(6):766–771, 2008. ISSN 00088846. doi: 10.1016/j.cemconres.2008.01.013.

Ioannis Ioannou, Cleopatra Charalambous, and Christopher Hall. The temperature variation of the water sorptivity of construction materials. *Materials and Structures*, 50(5):1871, 2017. ISSN 1359-5997. doi: 10.1617/s11527-017-1079-6.

Hans Janssen, Evy Vereecken, and Matus Holubek. A Confrontation of Two Concepts for the Description of the Overcapillary Moisture Range: Air Entrapment versus Low Capillarity. *Energy Procedia*, 78:1490–1494, 2015. ISSN 18766102. doi: 10.1016/j.egypro.2015.11.175.

Mårten Janz. *Methods of measuring the moisture diffusivity at high moisture levels*. Dissertation, Lund University, Lund, Sweden, 1997.

JCGM 100. Guide to the expression of uncertainty in measurement - JCGM 100:2008 (GUM 1995 with minor corrections - Evaluation of measurement data, 2008.

Nikos Karagiannis, Maria Karoglou, A. Bakolas, and A. Moropoulou. Effect of temperature on water capillary rise coefficient of building materials. *Building and Environment*, 106: 402–408, 2016. ISSN 03601323. doi: 10.1016/j.buildenv.2016.07.008.

Rudolf Karsten. *Bauchemie für Schule und Baupraxis*. Straßenbau, Chemie und Technik Verlagsgesellschaft, Heidelberg, 1960.

Rudolf Karsten. *Bauchemie: Ursachen Verhütung und Sanierung von Bauschäden; Handbuch für Studium und Praxis*. Müller, Heidelberg, 11., überarb. aufl edition, 2003. ISBN 3788077034.

Dietbert Knöfel, Siegbert Henkel, and Peter Aschhoff. Ist die Messung der Wasseraufnahme mit dem Karsten'schen Prüfrohr zuverlässig? *Bautenschutz + Bausanierung*, 18(6):36–41, 1995.

Tomas. Korecky, Martin Keppert, Jiří Maděra, and Robert Černý. Water transport parameters of autoclaved aerated concrete: Experimental assessment of different modeling approaches. *Journal of Building Physics*, 39(2):170–188, 2015. ISSN 1744-2591. doi: 10.1177/1744259114535727.

Josef Kozeny. Über kapillare Leitung des Wassers im Boden: Aufstieg, Versickerung und Anwendung auf die Bewässerung. *Sitzungsbereich Abteilung IIa der mathematisch - naturwissenschaftliche Klasse der Wiener Akademie der Wissenschaften*, 1(136):271–306, 1927.

Otto Krischer. *Die wissenschaftlichen Grundlagen der Trocknungstechnik*, volume 1 of *Trocknungstechnik*. Springer-Verlag, Berlin, 1956.

Hartwig M. Künzel. Schlagregenschutz von Fassaden im Kontext mit Innendämmung bei historischen Gebäuden. *26. Hanseatische Sanierungstage*, pages 57–70, 2015a.

Hartwig M. Künzel. Criteria Defining Rain Protecting External Rendering Systems. *Energy Procedia*, 78:2524–2529, 2015b. ISSN 18766102. doi: 10.1016/j.egypro.2015.11.260.

Hartwig M. Künzel. Was bedeuten die Hinweise zur Innendämmung in der DIN 4108-3 für die Praxis? *4. Innendämmkongress Dresden*, pages 32–43, 2017.

Helmut Künzel. Der kritische Feuchtigkeitsgehalt von Baustoffen. *Gesundheits-Ingenieur*, 95(6):241–246, 1974.

Miroslav Kutilek and Jana Valentova. Sorptivity approximations. *Transport in Porous Media*, 1(1):57–62, 1986. ISSN 0169-3913. doi: 10.1007/BF01036525.

Laplace. *Traité de mécanique céleste: Sur L'action Capillaire*. Courcier, Paris, 1805.

H. Leonhardt, R. Lukas, and Kurt Kießl. Vereinfachte Bestimmung bauphysikalischer Kennwerte an Gesteinsoberflächen: Handgeräte zur vereinfachten vor-Ort-Bestimmung bauphysikalischer Kennwerte von Gesteinsoberflächen. *1989*, 1:243–254, 1991.

David A. Lockington, J.-Y. Parlange, and P. Dux. Sorptivity and the estimation of water penetration into unsaturated concrete. *Materials and Structures*, 32(5):342–347, 1999. ISSN 1359-5997. doi: 10.1007/BF02479625.

Peter Lutz, Richard Jenisch, Heinz Klopfer, Hanns Frymuth, Lore Krampf, and Karl Petzold. *Lehrbuch der Bauphysik: Schall Wärme Feuchte Licht Brand Klima*. Teubner, Stuttgart, 3., neubearb. und erw. aufl. edition, 1994. ISBN 3-519-25014-4.

Aleksei Lykov. *Transporterscheinungen in kapillarporösen Körpern*. Akademie-Verlag, Berlin, 1958.

M. Mariotti and M. Mamillan. Essais in situ de perméabilité des maconnerie. *Bulletin RILEM*, 5(18):79–80, 1963.

Ryszard Mirowski. *Przyrząd do oznaczania właściwości kapilarnych materiałów porowatych*. Opis Patentowy, Toruń, 1979.

C. B. Monk. *Adaptions and Additions to ASTM Test Method E 514 (Water Permeance of Masonry) for Field Conditions*. American Society for Testing and Materials, Baltimore, Md., 1982.

Andreas Nicolai, Gregor A. Scheffler, John Grunewald, and Rudolph Plagge. An Efficient Numerical Solution Method and Implementation for Coupled Heat, Moisture, and Salt Transport: The DELPHIN Simulation Program. In Lutz Franke, Gernod Deckelmann, and

Rosa Espinosa-Marzal, editors, *Simulation of time dependent degradation of porous materials*, pages 85–100. Cuvillier, Göttingen, 2009. ISBN 978-3-86727-902-4.

Rolf Niemeyer. Bestimmung der kapillaren Wasseraufnahme mit dem Prüfröhrchen nach Karsten, 2013.

Rita Nogueira, Ana Paula Ferreira Pinto, Augusto Gomes, and Nuno G. Almeida. Assessing water absorption of mortars in renders by the contact sponge method. *9th International Masonry Conference*, pages 1–9, 2014.

Michelle R. Nokken and R. Douglas Hooton. Dependence of Rate of Absorption on Degree of Saturation of Concrete. *Cement, Concrete, and Aggregates CCAGDP*, 24(1):20–24, 2002.

Lars Olsson. Rain intrusion rates at façade details – a summary of results from four laboratory studies. *Energy Procedia*, 132:387–392, 2017. ISSN 18766102. doi: 10.1016/j.egypro.2017.09.639.

OriginLab 6.1G, 2000.

H. Passing and W. Bablok. A New Biometrical Procedure for Testing the Equality of Measurements from Two Different Analytical Methods. Application of linear regression procedures for method comparison studies in Clinical Chemistry, Part I. *Clinical Chemistry and Laboratory Medicine*, 21(11):3, 1983. ISSN 1434-6621. doi: 10.1515/cclm.1983.21.11.709.

Jos M. Perez-Bella, Javier Dominguez-Hernandez, Beatriz Rodriguez-Soria, Juan J. del Coz-Diaz, and Enrique Cano-Sunen. Combined use of wind-driven rain and wind pressure to define water penetration risk into building facades: The Spanish case. *Building and Environment*, 64:46–56, 2013. ISSN 03601323. doi: 10.1016/j.buildenv.2013.03.004.

J. R. Philip. The Theory of Infiltration: 4. Sorptivity and Algebraic Infiltration Equations. *Soil Science*, 84(3):257–264, 1957.

J. R. Philip. The Theory Of Infiltration: 6. Effect Of Water Depth Over Soil. *Soil Science*, 85 (5):278–286, 1958.

Rudolph Plagge, Gregor A. Scheffler, and John Grunewald. Automatische Messung des Wasseraufnahmekoeffizienten und des kapillaren Wassergehaltes von porösen Baustoffen. *Bauphysik*, 27(6):315–323, 2005. ISSN 01715445.

Gerd Pleyers. Verfahren und Vorrichtung zur Prüfung der Flüssigkeitsaufnahme poröser Baustoffe: Europäische Patentanmeldung, 1999.

Jean Louis Marie Poiseuille. *Recherches expérimentales sur le mouvement des liquides dans les tubes de très petits diamètres.* Paris, 1846.

RILEM. Commission 25-PEM Protection et érosion des monuments: Test No. II.4 - Water absorption under low pressure (pipe method) p. 201-204. *Matériaux et Constructions*, 13 (3):175–253, 1980. ISSN 0025-5432. doi: 10.1007/BF02473564.

Staf Roels, Jan Carmeliet, Hugo Hens, O. Adan, H. Brocken, Robert Černý, Zbyšek Pavlík, Christopher Hall, K. Kumaran, L. Pel, and Rudolph Plagge. Interlaboratory Comparison of Hygric Properties of Porous Building Materials. *Journal of Building Physics*, 27(4): 307–325, 2004. ISSN 1744-2591. doi: 10.1177/1097196304042119.

Erich Schulz and Ralf Schumacher. *Bauschäden-Sammlung.* Forum-Verl., Stuttgart, 3., unveränd. aufl. edition, 2000. ISBN 978-3-8167-4182-4.

B. Schwarz. Die kapillare Wasseraufnahme von Baustoffen. *Gesundheits-Ingenieur*, 93(7): 206–211, 1972.

Mostafa H. Sharqawy, John H. Lienhard, and Syed M. Zubair. Thermophysical properties of seawater: a review of existing correlations and data. *Desalination and Water Treatment*, 16(1-3):354–380, 2010. ISSN 1944-3994. doi: 10.5004/dwt.2010.1079.

K. R. J. Smettem, J. Y. Parlange, J. P. Ross, and R. Haverkamp. Three-dimensional analysis of infiltration from the disc infiltrometer: 1. A capillar-based theory. *Water Resources Research*, 30(11):2925–2929, 1994.

K. R. J. Smettem, J. P. Ross, R. Haverkamp, and J. Y. Parlange. Three-dimensional analysis of infiltration from the disk infiltrometer: 3. Parameter estimation using a double-disk tension infiltrometer. *Water Resources Research*, 31(10):2491–2495, 1995.

Werner A. Stahel. *Statistische Datenanalyse: Eine Einführung für Naturwissenschaftler.* Studium. Vieweg +Teubner, Wiesbaden, 5., überarb. aufl., unveränd. nachdr edition, 2009. ISBN 978-3-8348-0410-5.

Mario Stelzmann, Ulrich Möller, and Rudolph Plagge. Messverfahren zur zerstörungsfreien Bewertung der kapillaren Wasseraufnahme von Fassaden. In Oliver Kornadt, Albert Vogel, and Dirk Lorenz, editors, *Tagungsband Bauphysiktage Kaiserslautern 2013*, pages 89–91, Kaiserslautern, 2013. Technische Universität Kaiserslautern. ISBN 3943995410.

Mario Stelzmann, Ulrich Möller, and Rudolf Plagge. Water-Absorption-Measurement instrument for masonry façades. In D. G. Aggelis, Danny van Hemelrijck, S. Vanlanduit,

Athansios Anastasopoulos, and Theodore Philippidis, editors, *Emerging technologies in non-destructive testing VI*, pages 281–286. CRC Press, an imprint of the Taylor & Francis Group, an Informa business, Boca Raton, 2016. ISBN 9781138028845.

Alexander Taffe. *Zur Validierung quantitativer zerstörungsfreier Prüfverfahren im Stahlbetonbau am Beispiel der Laufzeitmessung*, volume 574. Beuth, Berlin, 1. aufl. edition, 2008. ISBN 9783410650478.

Piero Tiano and C. Pardini. Valutazione in situ dei trattamenti protettivi per il materiale lapideo, proposta di una nuova semplice metodologia. *ARKOS*, 17(5):30–36, 2004.

Eero Tuominen. *Eero Tuominenlaastien Ja Betonien Kapillaarisuusominaisuuksienmääritys Vapaan Veden Imeytyskokeella.* Diplomityö, Tampereen teknillinen yliopisto, Tampereen, 2016.

Heiko Twelmeier. In-situ-Messung der Wasseraufnahme an Mauerwerksfassaden. In Gerd Geburtig, editor, *Messtechnik - der Weisheit letzter Schluss?* Fraunhofer IRB Verl, Stuttgart, 2012. ISBN 978-3-8167-8656-6.

Delphine Vandevoorde, Marisa Pamplona, Olivier Schalm, Yves Vanhellemont, Veerle Cnudde, and Eddy Verhaeven. Contact sponge method: Performance of a promising tool for measuring the initial water absorption. *Journal of Cultural Heritage*, 10(1):41–47, 2009. ISSN 12962074. doi: 10.1016/j.culher.2008.10.002.

Delphine Vandevoorde, Veerle Cnudde, Jan Dewanckele, Matthieu Boone, Michael de Bouw, Vera Meynen, Eberhard Lehmann, and Eddy Verhaeven. *Comparison of non-destructive techniques for analysis of the water absorbing behavior of stone: Deterioration and Conservation of Stone, 12th International congress, Papers.* New York, NY, USA, 2012.

Christian Wagner. *Dauerhaftigkeitsrelevante Eigenschaften von dehnungsverfestigenden zementgebundenen Reparaturschichten auf gerissenen Betonuntergründen.* Dissertation, Technische Universität Dresden, Dresden, 2016.

Eberhard Wendler and Rolf Snethlage. Der Wassereindringprüfer nach Karsten: Anwendung und Interpretation der Meßwerte. *Bautenschutz + Bausanierung*, 12:110–115, 1989.

Moira A. Wilson, William D. Hoff, and Christopher Hall. Water movement in porous building materials—XIII. Absorption into a two-layer composite. *Building and Environment*, 30(2): 209–219, 1995. ISSN 03601323. doi: 10.1016/0360-1323(94)00035-Q.

WTA Merkblatt 6-5. Innendämmung nach WTA II: Nachweis von Innendämmsystemen mittels numerischer Berechnungsverfahren, 2014.

Thomas Young. An essay on the cohesion of fluids. In W. Bowyer and J. Nichols, editors, *Philosophical Transactions of the Royal Society of London*, pages 65–87. Lockyer Davis, Printer to the Royal Society, London, 1805.

Bernd Zacharias, Robert Cerny, and Helmuth Venzmer. Einfluss des hydraulischen Druckes auf den Feuchtetransport in kapillar-porösen Stoffen. *Bauphysik*, 12(5):133–136, 1990. ISSN 01715445.

Samuel L. Zelinka, Samuel V. Glass, and Charles R. Boardman. Improvements to Water Vapor Transmission and Capillary Absorption Measurements in Porous Materials. *Journal of Testing and Evaluation*, 44(6):20150209, 2016. ISSN 00903973. doi: 10.1520/JTE20150209.

Peng Zhang, F. H. Wittmann, Tiejun Zhao, and E. Lehmann. Penetration of Water into Uncracked and Cracked Steel Reinforced Concrete Elements; Visualization by Means of Neutron Radiography/Eindringen von Wasser in Stahlbetonbauteile mit und ohne Risse; Visualisieren mit Hilfe der Neutronenradiographie. *Restoration of Buildings and Monuments*, 15(1):67–76, 2009. ISSN 1864-7022.

Peng Zhang, Folker H. Wittmann, M. Haist, Harald S. Müller, P. Vontobel, and T. J. Zhao. Water Penetration into Micro-cracks in Reinforced Concrete. *Restoration of Buildings and Monuments*, 20(2):85–94, 2014. ISSN 1864-7022.

Jianhua Zhao and Frank Meissener. Experimental investigation of moisture properties of historic building material with hydrophobization treatment. *Energy Procedia*, 132:261–266, 2017. ISSN 18766102. doi: 10.1016/j.egypro.2017.09.716.